从小型犬装到大型犬装
用合适的尺寸制作出来

宠物狗服装和小饰品

〔日〕金子俊雄 著
边冬梅 译

河南科学技术出版社
·郑州·

目录

背心 *Tank top*

T恤衫 *T-shirt*   衬衫 *Shirt*

外套 *Coat*

N
外套
p.22

O
绗缝外套
p.24

P
双排扣毛呢外套
p.26

Q
披肩
p.28

R
棉坎肩
p.29

S
雨衣
p.30

T
百褶连衣裙
p.31

小饰品 *Goods*

U
蝴蝶结装饰领
p.32

V
荷叶边装饰领
p.32

W
三角形印花小丝巾
p.33

X
地垫
p.34

Y
垂耳帽
p.35

Z
遛狗包
p.35

关于本书的犬装尺寸

犬装从小型犬装到大型犬装共14种尺寸，披肩和帽子等小饰品有5种尺寸或3种尺寸。请按照p.36狗狗的裸尺寸来选择接近的尺寸。

※没有小型猎獾犬用的较短的袖长和裤长的服装的纸样，请参照p.39修改尺寸。

● **小型犬（XXS／XS／S／M／L／XL码）** ▶ 从较小的到体格壮大的小型犬都可以对应。※括号中的号码代表犬装的不同尺寸。

代表犬种…吉娃娃、约克夏狸、玩具贵宾犬（小）、马耳济斯犬、博美犬、小型雪纳瑞犬、西施犬、巴哥犬、法国斗牛犬等。

● **背长较长的小型犬（TS／TM／TL／TXL码）** ▶ 可以对应背长较长的小型犬。推荐用于身材较为细长的犬。

代表犬种…贵宾犬、小型雪纳瑞犬、小型猎獾犬、西施犬、波士顿斗牛犬等。

● **中型犬（SM／SL码）** ▶ 可以对应较大的小型犬至中型犬。因为是以柴犬为标准制作的纸样，所以，脖子粗、尾巴卷的犬种穿起来也很合身。

代表犬种…柴犬、柯基犬等。

● **大型犬（RM／RL码）** ▶ 对应大型犬。

代表犬种…拉布拉多犬、黄金猎犬等。

背心
Tank top

A 背心

这是犬装的一个基本款。
用针织包边带包缝背心的边缘，同时缝合衣身的腹部和背部。

教程 p.42

※除背心外，本部分还介绍了连衣裙。

因为是从头部套着穿的衣服，所以请务必使用具有弹性的针织布料，才能做成便于狗狗活动的犬装。

犬装尺寸
TM

模特
琥珀
岚君

With skirt

B 打褶连衣裙

以p.4的背心纸样为基础设计，将下摆部分换成裙子，就成了一件非常可爱的连衣裙。

制作方法 p.57

犬装尺寸

S

模特

草莓、帝亚罗君

With skirt

C 薄纱连衣裙

将裙子部分换成薄纱的话,作品会更加可爱。只需在长方形的薄纱上打上碎褶,
与背心缝合在一起即完成。

制作方法 p.59

犬装尺寸

TM

模特

乃爱

Open front

D 前开口背心

因为衣身上有开口，所以这是一款容易穿脱的犬装。
用暖暖的红黑格子布制作而成。

制作方法 p.60

犬装尺寸
TM

模特
派派君

With hood

E 带风帽的背心

这是一款在前开口背心上添加风帽的犬装。
背部再设计一个衣兜，看起来很休闲。

制作方法 p.62

犬装尺寸
RL

模特
巴瑠

Sailor collar

F 海军领背心

这是一款将前开口背心改版成海军领设计的背心。
用条纹针织布料制作，给人一种清爽的海洋风的感觉。

制作方法 p.64

背部的海军领
超级可爱!

犬装尺寸
———
M

模特
———
西罗君

11

Cap sleeve

G 小盖袖背心

这是一款在袖山上添加可爱碎褶的小盖袖背心。
钻蓝色的袖子、衣兜和镶边，成为这款背心的亮点。

制作方法 p.66

炎热的天气，也可以在
背部的衣兜中
装上降温剂。

犬装尺寸
SM

模特
彩叶

T恤衫
T-shirt

Basic

H T恤衫

制作这款T恤衫时，需要掌握在常规T恤衫
领口和袖口加边的方法。因为制作很简单，
所以它是一款可以用条纹和花纹等各
种图案的布料制作的T恤衫。

制作方法 p.68

※除T恤衫外，本部分还介绍了连衣裤和
连衣裙。

犬装尺寸
L

模特
曲奇

14

High - necked

I 高领 T 恤衫

衣服使用的是阿兰花样布料，所以看起来
很像毛衣。推荐在寒冷的冬天散步时穿上。

制作方法 p.69

犬装尺寸
TL

模特
六岐君

J 连衣裤、K 连衣裙

在 T 恤衫下摆处缝上牛仔裤或牛仔裙，就是一组非常优秀的搭配！
雌、雄狗狗的服装颜色不同，尽享成套搭配穿着的乐趣吧。

制作方法 p.70（K）、p.72（J）

为了不影响狗狗尾巴的摇动，
衣服看起来又帅气，本书
制作了非常讲究的纸样。牛
仔裤一定要用带弹性的布
料或针织布料来制作。

下装的拼腰和
衣兜等处，仔
细地分开缝纫。

犬装尺寸
连衣裤 / TXL
连衣裙 / M

模特
连衣裤 / 足袋君
连衣裙 / 小心

17

衬衫
Shirt

Button-down shirt

L 纽扣领衬衫

想为自家小狗制作的休闲衬衫。
为了方便缝制，要注意肩膀和侧缝的接缝线位置。

教程 p.46

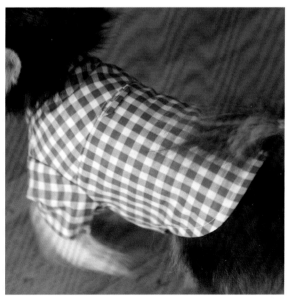

为了使没有弹性的布料也能够容易穿脱，
前门襟使用了魔术贴粘扣。

犬装尺寸
XXS

模特
罗伊君

Aloha shirt

M 夏威夷风衬衫

调整纽扣衬衫的衣身和领子做成了敞领样式。
这是一款外出度假也很适合的衬衫。

制作方法 p.74

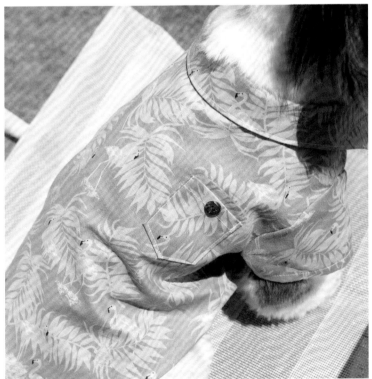

背部添加一个衣兜，
是这款衬衫的亮点。

犬装尺寸
TM

模特
派派君

外套
Coat

Special coat

N 外套

颈部和腹部使用魔术贴粘扣固定，这是一款穿脱方便的外套。
没有立体缝纫的地方，这是一款初学者也很容易缝制的犬装。

制作方法 p.76

※除了外套，本部分还介绍了披肩、雨衣等。

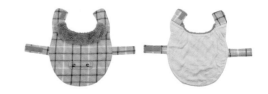

犬装尺寸
M

模特
西罗君

Quilting coat

O 绗缝外套

改变一下 p.22 外套的领子，再添加一个衣兜。因为使用了软尼龙面羽绒芯绗缝面料，所以这是一款结实、轻便又御寒的外套。

制作方法 p.78

犬装尺寸
左⋯SM
右⋯TXL

模特
左⋯卢克君
右⋯沽涛君

绗缝面料保暖性超强，
所以这款犬装非常适
合冬季外出时穿。

Pea coat

P 双排扣毛呢外套

这是一款用手感很好的摇粒绒面料制作的、精心设计的正式
外套。前门襟处使用魔术贴粘扣，正面缝上装饰扣。

制作方法 p.80

背部添加两个装饰
兜盖。

一定要用摇粒绒面料或
针织面料制作。

犬装尺寸
TXL

模特
足袋君

Cape

Q 披肩

这是一款用毛皮面料制作的可爱小披肩。
再装饰上用毛线制作的小绒球。

制作方法 p.82

犬装尺寸
XS

模特
小心、乃爱

Japanese vest

R 棉坎肩

表布和里布之间夹着羽绒棉芯，看起来软绵绵的。
有了它小狗可以暖暖和和地度过冬天了。

制作方法 p.88

犬装尺寸
L

模特
福君

29

Raincoat

S 雨衣

为了戴着牵狗绳也能戴上风帽，要在雨衣领口开个穿绳孔。
在风帽和衣身上缝了荧光带，夜晚散步也不用操心。

制作方法 p.86

犬装尺寸
RL

模特
巴瑠

Pleated skirt

T 百褶连衣裙

将 p.22 外出时穿的外套改款，添加上百褶裙。
彩色方格图案有制服的感觉，非常可爱。

制作方法 p.84

犬装尺寸
XXS

模特
蒂娜

小饰品
Goods

Collar

U 蝴蝶结装饰领、V 荷叶边装饰领

在正式场合中，推荐使用装饰领。
雄性狗宝宝使用蝴蝶结装饰领，雌性狗宝宝
使用荷叶边装饰领。

制作方法 p.90

犬装尺寸

U 蝴蝶结装饰领…XS、V 荷叶边装饰领…M

模特

足袋君、未来

Bandana

W 三角形印花小丝巾

它能轻松制作完成，戴上令人高兴的三角形印花小丝巾吧。

也推荐将它作为礼品使用。

材料为双面布料，正反面均可使用。

制作方法 p.92

双面(织物)布料

犬装尺寸
M、S

模特
彩叶
元气君
琥珀
福君

Mat

X 地垫

将自己喜欢的可爱的小块布料缝合在一起，做成地垫，
外出时铺在地上，使之成为一个让狗狗安心的空间。

制作方法 p.94

Cap

Y 垂耳帽

这是一项可爱的带球球的垂耳帽。
它是不是可以让狗狗成为冬天散
步时的主角呢？

制作方法 p.93

犬装尺寸
XXS

模特
罗伊君

一定要用针织面料制作哟。

Deodrant pouch

Z 遛狗包

用具有除臭作用的无纺布和密闭性很强的层压
面料制作的遛狗包是遛狗时的必需品。

制作方法 p.95

尺寸的测量方法
about Size

请测量好狗狗的裸尺寸之后，再确定犬装尺寸。
由于纸样的修改很简单，因此请选择接近胸围的尺寸。
接着确认颈围的尺寸和衣长，并根据需要进行修改。

裸尺寸

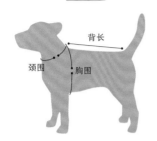

测量颈围、胸围的时候，请不要把尺子拉得太紧。注意不要对毛长的狗狗压得太紧。

> 颈围：以颈部位置为基准的脖根一周
> 胸围：从前腿后面最粗的部分绕过胸部一周的部分
> 背长：从脖子的根部（项圈的位置）到尾根部

成品尺寸

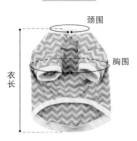

根据设计就可以知道犬装大小，不过，为了方便狗狗活动，纸样中在颈围、胸围部分要加几厘米（裸尺寸＋几厘米）的宽裕量。

> 颈围：沿罗纹领子下侧绕一圈
> 胸围：从袖窿下面绕一圈
> 衣长：包括背部衣身罗纹下摆的总长度

本书中狗狗的裸尺寸
※未标注单位的数字单位为厘米（cm）。　※（　）中为能够穿着的犬装的标准尺寸。

小型犬

尺寸	颈围	胸围	背长	体重
XXS	20(18~22)	30(28~32)	24	2.5 kg以下
XS	23(21~25)	35(33~37)	26	3.5 kg以下
S	26(24~28)	40(38~43)	28	5 kg以下
M	29(27~31)	45(43~48)	30	7 kg以下

较大的小型犬

尺寸	颈围	胸围	背长	体重
L	34（32~36）	50(48~53)	33	10 kg以下
XL	38（36~40）	55(53~58)	35	13 kg以下

背长较长的小型犬

尺寸	颈围	胸围	背长	体重
TS	22(20~24)	36(34~38)	32	4.5 kg以下
TM	25(23~27)	40(37~43)	35	6 kg以下
TL	28(26~30)	44(41~47)	37	7 kg以下
TXL	31(29~33)	49(46~52)	39	9 kg以下

中型犬

尺寸	颈围	胸围	背长	体重
SM	36(34~38)	55(52~58)	40	12 kg以下
SL	39(37~41)	60(57~63)	44	15 kg以下

大型犬

尺寸	颈围	胸围	背长	体重
RM	45(42~48)	74(70~77)	59	29 kg以下
RL	50（47~53）	82(78~85)	63	35 kg以下

模特狗及尺寸
about Size

本书中穿着样衣的模特狗及尺寸如下，可作为尺寸选择的参考。

小型犬 ▷▷▷

犬名：罗伊君
犬种：吉娃娃
颈围：16
胸围：30
背长：23
体重：1.6 kg
犬装尺寸：XXS

犬名：蒂娜
犬种：约克夏梗
颈围：17
胸围：31
背长：27
体重：2.5 kg
犬装尺寸：XXS

犬名：帝亚罗君
犬种：吉娃娃
颈围：24
胸围：41
背长：28
体重：3.1 kg
犬装尺寸：S

犬名：草莓
犬种：马尔济斯犬
颈围：26
胸围：40
背长：29
体重：4.1 kg
犬装尺寸：S

较大的小型犬 ▷▷▷

犬名：西罗君
犬种：博美犬
颈围：25
胸围：45
背长：34
体重：4.9 kg
犬装尺寸：M

犬名：小心
犬种：小型雪纳瑞犬
颈围：26
胸围：45
背长：32
体重：5.5 kg
犬装尺寸：M

犬名：曲奇
犬种：法国斗牛犬
颈围：36
胸围：53
背长：33
体重：8.7 kg
犬装尺寸：L

犬名：福君
犬种：巴哥犬
颈围：35
胸围：52
背长：35
体重：9 kg
犬装尺寸：L

背长较长的小型犬 ▷▷▷

犬名：琥珀
犬种：小型猎獾犬
颈围：29
胸围：40
背长：36
体重：4.7 kg
犬装尺寸：TM

犬名：乃爱
犬种：玩具贵宾犬
颈围：19
胸围：39
背长：35
体重：3.8 kg
犬装尺寸：TM

犬名：岚君
犬种：腊肠犬
颈围：25
胸围：40
背长：33
体重：4.9 kg
犬装尺寸：TM

犬名：派派君
犬种：西施犬
颈围：27
胸围：41
背长：33
体重：4.8 kg
犬装尺寸：TM

犬名：六岐君
犬种：玩具贵宾犬
颈围：26
胸围：43
背长：40
体重：5.5 kg
犬装尺寸：TL

犬名：足袋君
犬种：小型雪纳瑞犬
颈围：29
胸围：52
背长：37
体重：7.2 kg
犬装尺寸：TXL

犬名：洁涛君
犬种：澳大利亚拉布拉多犬
颈围：32
胸围：50
背长：37
体重：7.2 kg
犬装尺寸：TXL

中型犬 ▷▷▷

犬名：卢克君
犬种：澳大利亚拉布拉多犬
颈围：32
胸围：55
背长：39
体重：9.7 kg
犬装尺寸：SM

犬名：彩叶
犬种：柯基犬
颈围：34
胸围：53
背长：48
体重：11 kg
犬装尺寸：SM

犬名：元气君
犬种：柴犬
颈围：32
胸围：54
背长：43
体重：10 kg
犬装尺寸：SM

犬名：未来
犬种：柴犬
颈围：35
胸围：52
背长：38
体重：8 kg
犬装尺寸：SM

大型犬 ▷▷▷

犬名：巴瑠
犬种：黄金猎犬
颈围：47
胸围：80
背长：60
体重：30 kg
犬装尺寸：RL

＼ 汪 ／

纸样的尺寸修改
about Pattern

如果"尺寸稍微有点不合适"或者"想把衣长稍微加长一点",就将与尺寸最接近的纸样修改一下再使用吧。

改变衣长（背部、腹部衣身）

●加长

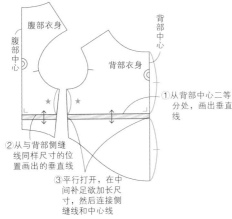

①从背部中心二等分处,画出垂直线

②从与背部侧缝线同样尺寸的位置画出的垂直线

③平行打开,在中间补足欲加长尺寸,然后连接侧缝线和中心线

从背部中心二等分,画出垂直线。测量从背部衣身的袖下到垂直线的长度（★）。在腹部衣身的袖下★的位置画出垂直线。沿垂直线平行剪开,在中间补足欲加长尺寸后,重新连接侧缝线和中心线。

●缩短

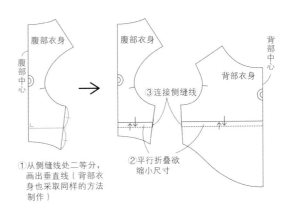

①从侧缝线处二等分,画出垂直线（背部衣身也采取同样的方法制作）

②平行折叠欲缩小尺寸

③连接侧缝线

将腹部衣身、背部衣身的侧缝线二等分后,画出垂直线。在垂直线处折叠欲缩小尺寸后,重新连接侧缝线。

改变衣长（只改变背部衣身）

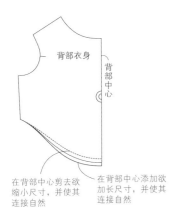

背部衣身

背部中心

在背部中心剪去欲缩小尺寸,并使其连接自然

在背部中心添加欲加长尺寸,并使其连接自然

欲加长的情况下,在背部中心添加欲加长尺寸。欲缩小的情况下,在背部中心剪去欲缩小尺寸。从那里到侧缝自然地连接起来。

改变裤长（立裆）

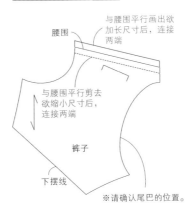

腰围

与腰围平行画出欲加长尺寸后,连接两端

与腰围平行剪去欲缩小尺寸后,连接两端

裤子

下摆线

※请确认尾巴的位置。

与腰围平行画出欲加长尺寸,或与腰围平行剪去欲缩小尺寸。请注意腰围的长度不变,连接平行画出的两端。

※ 确保修改后的尾巴口的部分要容得下尾巴,容不下的情况下就要加宽

改变裤长（下裆）

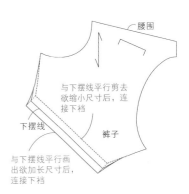

腰围

与下摆线平行剪去欲缩小尺寸后,连接下裆

裤子

下摆线

与下摆线平行画出欲加长尺寸后,连接下裆

与下摆线平行画出欲加长尺寸,或与下摆线平行剪去欲缩小尺寸。请注意下摆的宽度不变,平行连接画出的下裆。

改变袖长

● 加长

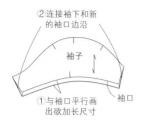

②连接袖下和新的袖口边沿

袖子

①与袖口平行画出欲加长尺寸

袖口

与袖口平行画出欲加长尺寸。请注意袖口的长度不变。连接平行画出的两侧和袖下。

● 缩短

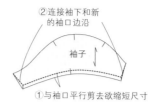

②连接袖下和新的袖口边沿

袖子

①与袖口平行剪去欲缩短尺寸

与袖口平行剪去欲缩短尺寸。请注意袖口的长度不变。连接剪过的两侧和袖下。

改变胸围

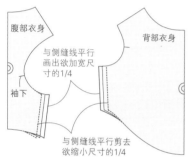

腹部衣身

与侧缝线平行画出欲加宽尺寸的1/4

袖下

背部衣身

与侧缝线平行剪去欲缩小尺寸的1/4

欲加宽的情况下,从侧缝线平行画出欲加宽尺寸的1/4。欲缩小的情况下,从侧缝线平行剪去欲缩小尺寸的1/4。然后使袖窿和下摆线连接自然。

● T恤衫等袖下在腹部衣身上的情况

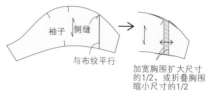

袖子　侧缝

与布纹平行

加宽胸围扩大尺寸的1/2,或折叠胸围缩小尺寸的1/2

● 纽扣领衬衫等袖下在侧缝上的情况

袖子

添加1/4

剪去1/4

改变了侧缝线的位置时,也必须修改相关联的袖子。需添加与衣身修改尺寸相同的尺寸,或缩小相同的尺寸,然后使袖口与袖窿线自然连接。

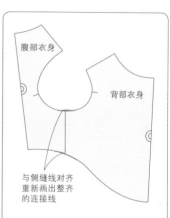

腹部衣身

背部衣身

与侧缝线对齐重新画出整齐的连接线

要改变侧缝线位置的情况下,一定要确认侧缝是否整齐地连接。将重新画出的侧缝线对齐后形成角的情况下,要重新整齐地连接侧缝线。

改变胸围、颈围

平行添加欲加宽尺寸的1/4

背部衣身　　腹部衣身

背部中心　腹部中心

平行剪去欲缩小尺寸的1/4

欲加宽尺寸的情况下,从中心线处添加欲加宽尺寸的1/4后画出平行线。欲缩小尺寸的情况下,从中心线处剪去欲缩小尺寸的1/4后画出平行线。

☆改变了颈围的情况下,所关联的领衬、领子、风帽等也必须修改。修改方法请参照p.41。

● 在侧缝处修改
在侧缝处添加欲加大尺寸的1/4,或剪去欲缩小尺寸的1/4

● 在背部中心修改
在背部中心添加欲加大尺寸的1/4,或剪去欲缩小尺寸的1/4

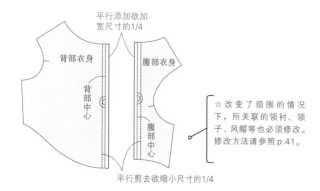

裤子

※裙子也采取同样的修改方法。

改变胸围的情况下,所附带的裤子也必须修改。在侧缝处修改了衣身的情况下,裤子也要在侧缝处添加欲加大尺寸的1/4,或剪去欲缩小尺寸的1/4,再连接立裆线。在背部中心进行修改的情况下,裤子也要在背部中心平行添加欲加大尺寸的1/4,或剪去欲缩小尺寸的1/4。

改变颈围（用针织包边带包边的情况下）

● 缩小

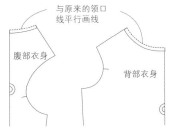

在原来的领口线外侧平行画线。中心线、肩线顺着原来的线延长。

● 加大

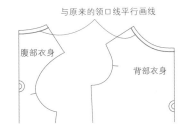

在原来的领口线内侧平行画线。

改变颈围（需要缝上领衬、领子、风帽的情况下）

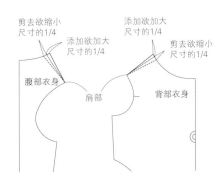

欲缩小尺寸的情况下，从领口线的角处剪去欲缩小尺寸的1/4，与肩部连接。
欲加大尺寸的情况下，从领口线的角处添加欲加大尺寸的1/4，与肩部连接。

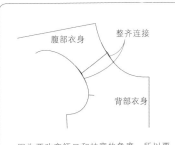

因为要改变领口和袖隆的角度，所以要确认肩部的连接是否整齐。将重新画线的肩部对齐后产生出多余部分的情况下，要重新整齐画线。

改变颈围、胸围尺寸的情况下，与其相关的罗纹领子、罗纹下摆、风帽等部件也必须修改。

罗纹领子 ※罗纹下摆在中间进行修改。

● 在肩部修改

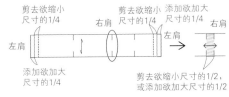

● 在中心修改

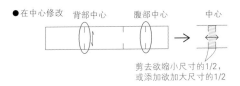

在肩部修改衣身的情况下，罗纹领子两端的左肩位置添加1/4，右肩位置添加修改尺寸的1/2，或者剪去。
在中心修改衣身的情况下，在罗纹领子的腹部中心、背部中心位置各添加修改尺寸的1/2，或者剪去修改尺寸的1/2。

领子、领座

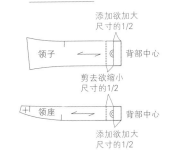

在背部中心添加修改尺寸的1/2，或剪去修改尺寸的1/2。

风帽

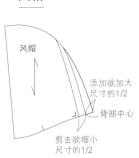

在背部中心添加修改尺寸的1/2，或剪去修改尺寸的1/2。角的部分要画成直角，并与原来的线自然连接。

Lesson

教程 ①

A背心

p.4

与实物等大的纸样

第1面〈A〉-1腹部衣身、2背部衣身

材料

· Daily 法国彩色条纹针织布料（海军蓝色） 90 cm宽
· 宽11 mm的针织包边带（红色）
· 标签…1张

※ 正面布料请一定使用针织布料。

单位:cm

尺码	XXS~M	L/XL	TS~TXL	SM/SL	RM/RL
Daily 法国彩色条纹针织布料（90 cm宽）	45	50	55	60	120
针织包边带	180	210	210	250	300

裁剪图

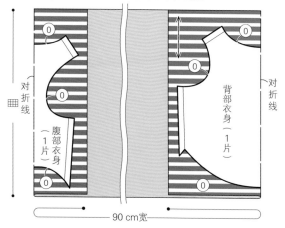

Daily 法国彩色条纹针织布料（海军蓝色）

对折线

腹部衣身（1片）

背部衣身（1片）

对折线

90 cm宽

※ ○ 中的数字为缝份。除此以外的缝份均为1 cm。

※ 数字从左边开始与尺码表顺序相同。

※ ⊞ 表示各种尺码所用布料的数量请参照尺码表。

成品尺寸

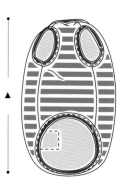

▲＝衣长
22/24/26/28/
31/33/
31/34/36/38/
39/43/
58/62

◎＝颈围
22/24/27/30/
35/38/
23/26/29/32/
37/40/
45/50

□＝胸围
32/37/43/48/
53/58/
38/43/47/52/
60/65/
82/90

1. 缝合右肩

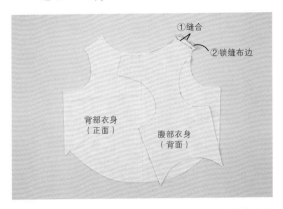

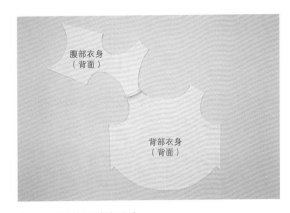

1 将腹部衣身和背部衣身正面相对对齐后缝合右肩。
— 将两层缝份合到一起锁缝。

2 使缝份倒向背部衣身。
—

2. 处理领口

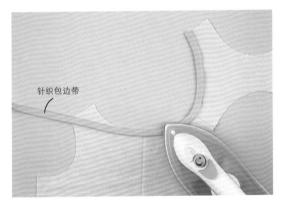

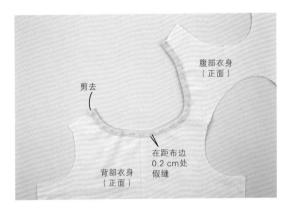

1 将针织包边带与领口的形状对齐后，用熨斗熨出折
— 痕。

2 将针织包边带稍微拉紧一点，
— 包住领口布边。也许针织包边
带里侧会长出来一些。最后剪
去多余的针织包边带。

确定针织包边带长度的方法

领口、袖窿、下摆等使用针织包边带包边的情况下，因为使用与安
装位置相同尺寸的针织包边带的话会拉长，所以缝纫时可剪短一点。

针织包边带的尺寸

领口…使用安装位置80%的长度

袖窿…使用安装位置80%的长度

下摆…背部衣身侧/使用安装位置90%的长度
　　　腹部衣身侧/使用安装位置80%的长度

**自己制作针织包
边带的情况下**

欲制作宽度

针织包边带自己也可以制作。只需
将针织面料横着剪成细长条。宽度
要剪成欲制作宽度的4倍，然后折
三折（两边分别折向中间，再整体
对折）。

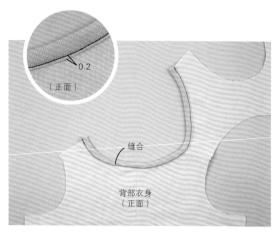

3 从正面缝上针织包边带。

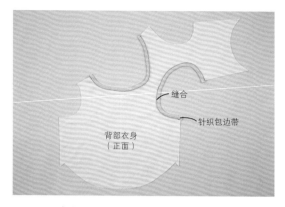

1 采取与领口同样的方法用针织包边带包缝右袖窿的
布边。

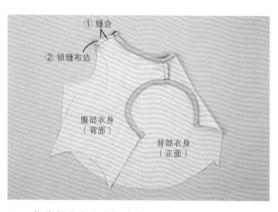

2 将腹部衣身和背部衣身正面相对对齐后缝合左肩。
将两层缝份合到一起锁缝，并使之倒向背部衣身。

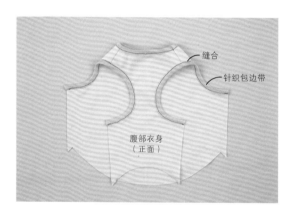

3 用针织包边带包缝左袖窿的布边。

4. 缝合侧缝和下摆

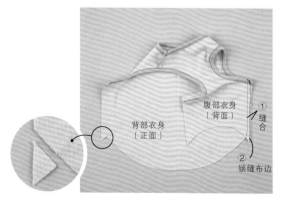

1 将腹部衣身和背部衣身正面相对对齐后缝合右侧
缝。将两层缝份合到一起锁缝，并使之倒向背部
衣身。剪去背部衣身左侧缝凸出的部分。

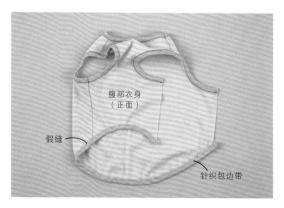

2 将针织包边带稍微拉紧一点，包住下摆的布边假
缝。需要注意拉得太紧的话衣身上会出现褶皱。

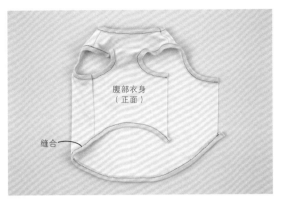

3 从正面缝上针织包边带。
—

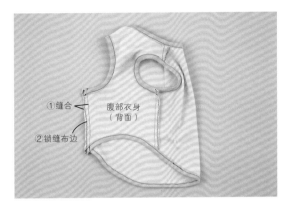

4 将腹部衣身和背部衣身正面相对对齐后缝合左侧
— 缝。将两层缝份合到一起锁缝，并使之倒向背部
衣身。

5 缝牢针织包边带接口处，不要让其凸出来。
—

5. 缝上标签

请将标签缝到背部衣身的您喜欢的位置。

成品

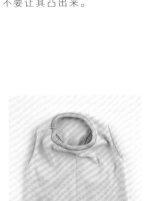

与实物等大的纸样

第2面 〈L〉1腹部衣身、2背部衣身、3袖子、4过肩、5领子、6领座、7门襟

材料

- 先染60//牛津平纹格子布（绿色格子布料）108 cm宽
- 黏合衬
- 直径11.5 mm的扣子 XXS～XL码…5个、TS～RL码…6个
- 直径8 mm的扣子 2个
- 直径1 cm的按扣 1组
- 宽2.5 cm的魔术贴粘扣（白色）

单位：cm

尺码

	XXS～M	L/XL	TS～TXL	SM/SL	RM/RL
先染60//牛津平纹格子布（108 cm宽）	60	85	85	100	155
黏合衬	40×45	45×45	45×45	45×50	45×65

单位：cm

	XXS	XS	S	M	L	XL	TS	TM	TL	TXL	SM	SL	RM	RL
魔术贴粘扣	10	12	12	14	12	14	12.5	12.5	15	15	20	22.5	30	32.5

※XXS～XL码的魔术贴粘扣须分为4等份，TS～RL码的魔术贴粘扣须分为5等份。

裁剪图

先染60//牛津平纹格子布（绿色格子布料）

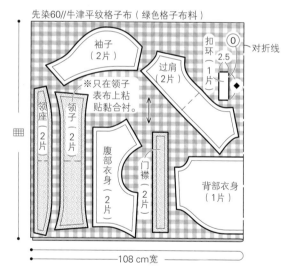

袖子（2片）

过肩（2片）

扣环（1片）2.5 对折线

※只在领子表布上粘贴黏合衬。

领座（2片） 领子（2片） 腹部衣身（2片） 门襟（2片） 背部衣身（1片）

◆108 cm宽

◆ = XXS～TXL码/5.5
SM～RL码/7.5

※○中的数字为缝份。除此以外的缝份均为1 cm。
※▨表示要在背面粘贴黏合衬。
※数字从左边开始与尺码表顺序相同。
※⊞表示各种尺码所用布料的数量请参照尺码表。

成品尺寸

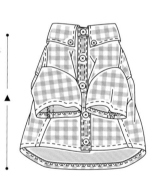

▲ = 衣长
20/22/23/25/
28/30/
28/30/32/34/
33/37/
50/54

◎ = 颈围
22/25.1/32.5/35.5/
38/41/
28.7/31.7/34.7/37.7/
40.9/44/
53/56

□ = 胸围
36/41/49/54/
61/66/
45/50/54/59/
68/73/
90/98

1. 缝上门襟

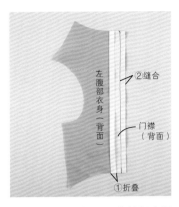

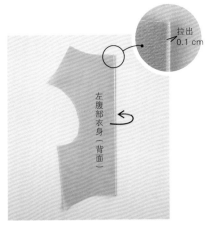

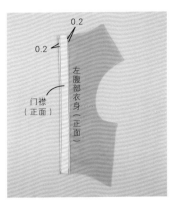

1 先给门襟侧边的缝份折出折痕。将门襟叠放到衣身上，缝纫没有折痕的一边。

2 将门襟翻至正面。将门襟边沿拉出0.1 cm后折叠。

3 从正面在门襟的两侧压缝明线。右腹部衣身也采取同样的方法缝纫。

2. 处理下摆和袖口

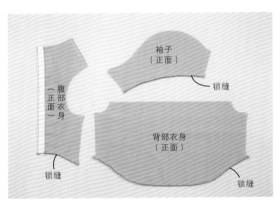

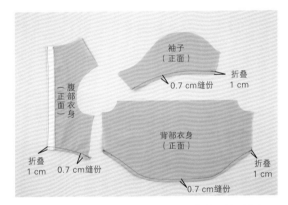

1 锁缝腹部衣身和背部衣身的下摆及衣袖袖口的缝份。

2 在成品线位置折叠下摆和袖口的缝份，然后缝纫。

3. 制作扣环

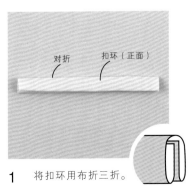

1 将扣环用布折三折。

2 从距布边0.2 cm处缝合。

3 给扣环熨出折痕。

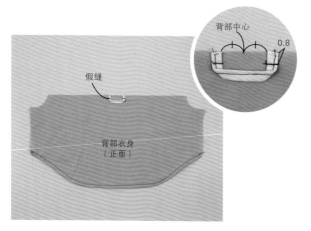

4　将背部衣身和扣环的中心对齐假缝固定。

4. 缝合背部衣身和过肩

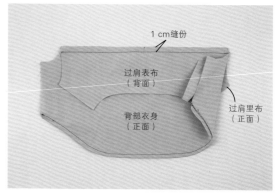

1　将过肩的表布、里布正面相对，中间夹着背部衣身对齐后缝合。

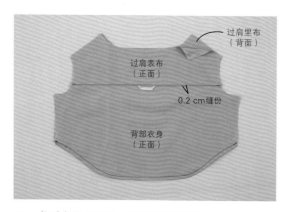

2　将过肩翻至正面，从正面压缝明线。

5. 缝合肩部

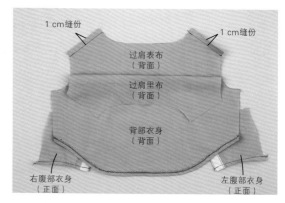

1　避开过肩里布，将过肩表布和腹部衣身正面相对对齐后缝合肩部。

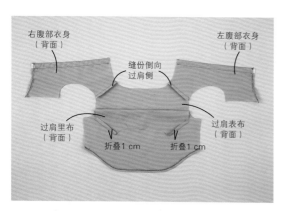

2　使肩部缝份倒向过肩侧。将过肩里布肩部的缝份折叠1cm。

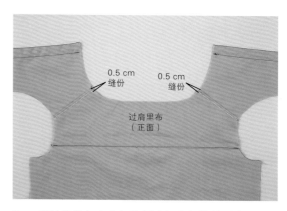

3　将过肩里布上凸起的折痕与肩部接缝对齐并覆盖后，假缝。

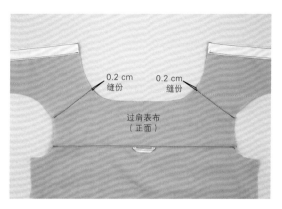

4 从正面在肩部压缝明线。抽掉过肩里布上的假缝
— 线。

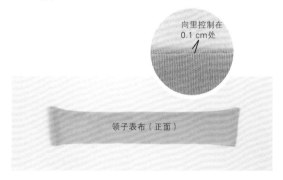

2 翻至正面，将领子里布向里控制在0.1 cm处，
— 用熨斗熨烫。控制好的话，从正面看不到领子里
布，这样就完成得很漂亮了。

4 将领座里布的领口的缝份折叠0.8 cm。
—

6 将领座翻至正面，调整形状。
—

6. 制作领子，并缝上去

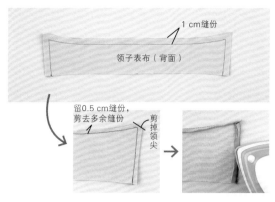

1 将领子表布和领子里布正面相对对齐后缝合。留
— 0.5 cm缝份，剪去多余缝份，斜着剪掉领尖部分。
使缝份倒向领子表布，然后用熨斗熨烫。

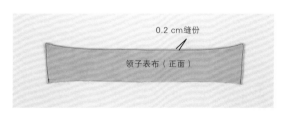

3 在领子表布上沿领子周围压缝明线。
—

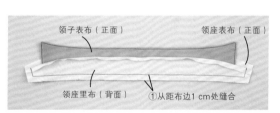

5 将领子表布和领座里布、领子
— 里布和领座表布正面相对对齐
后缝合。从距成品线0.5 cm处
剪去多余缝份。

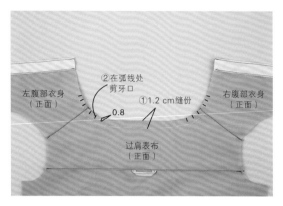

②在弧线处
剪牙口
①1.2 cm缝份

左腹部衣身
（正面）

右腹部衣身
（正面）

0.8

过肩表布
（正面）

7 为了过肩的领口处不会错开要先假缝一下。在衣
— 身和弧线处的缝份上剪牙口。

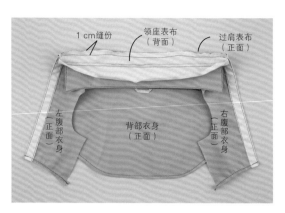

1 cm缝份

领座表布
（背面）

过肩表布
（正面）

左腹部
衣身
（正面）

背部衣身
（正面）

右腹
部衣
身
（正面）

8 将领座表布和衣身、过肩表布正面相对对齐后缝合。
— 抽掉**7**中的假缝线。

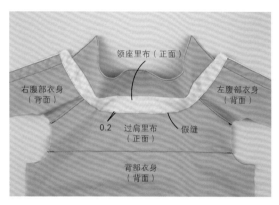

右腹部衣身
（背面）

领座里布（正面）

左腹部衣身
（背面）

0.2

过肩里布
（正面）

假缝

背部衣身
（背面）

9 将领座翻至正面，套在领口的缝份上假缝。
—

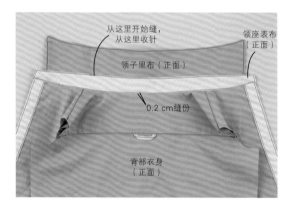

从这里开始缝，
从这里收针

领座表布
（正面）

领子里布（正面）

0.2 cm缝份

背部衣身
（正面）

10 从正面在领座周围压缝明线。抽掉**9**中的假缝
— 线。

7. 缝上袖子

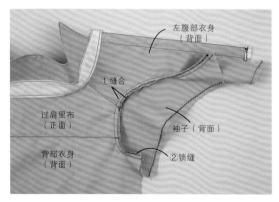

左腹部衣身
（背面）

①缝合

过肩里布
（正面）

袖子（背面）

背部衣身
（背面）

②锁缝

1 将衣身和袖子正面相对对齐后缝合。将2层缝份合
— 到一起锁缝，并使缝份倒向袖子。另一侧也采取同
样的方法缝合。

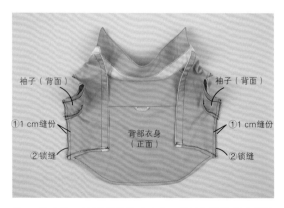

袖子（背面）

袖子（背面）

①1 cm缝份

①1 cm缝份

背部衣身
（正面）

②锁缝

②锁缝

2 将衣身、袖子正面相对对齐，从袖下连续缝合侧缝。
— 将2层缝份合到一起锁缝，并使缝份倒向背部衣身。

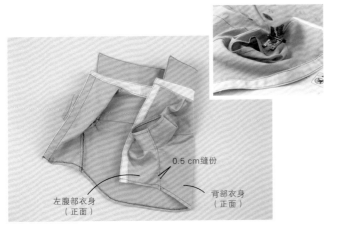

0.5 cm缝份

左腹部衣身
（正面）

背部衣身
（正面）

3 从正面压缝明线，并压住缝份。一边拉袖下的布
— 边一边缝纫，注意不要把衣身等其他部分缝进去。

4 两侧均要压缝明线。
—

8. 缝上魔术贴粘扣、按扣和扣子

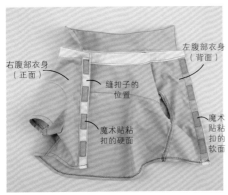

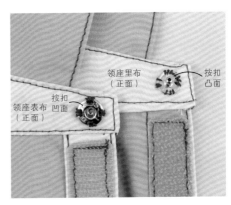

右腹部衣身
（正面）

左腹部衣身
（背面）

缝扣子的
位置

魔术贴粘
扣的硬面

魔术
贴粘
扣的
软面

0.2

领座里布
（正面）

按扣
凸面

按扣
凹面

领座表布
（正面）

1 将魔术贴粘扣（硬面）缝到右腹部衣身的左门襟上，将魔术
— 贴粘扣（软面）缝到左腹部衣身的右门襟上。避免碰疼手，
要剪去魔术贴粘扣的角。将魔术贴粘扣缝到扣子之间的位置
上，给XXS～XL码的缝4片，TS～RL码的缝5片。

2 将按扣的凹面缝到领座表布上，将按扣
— 的凸面缝到领座里布上。

成品

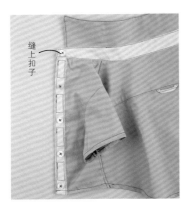
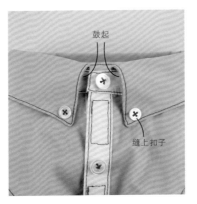

缝上
扣子

鼓起

缝上扣子

3 将直径为11.5 mm的扣子缝到
— 左腹部衣身的门襟上。

4 将前面对齐固定，调整领子使
— 之左右对称。使领子稍微鼓一
点，将领尖用直径8 mm的扣子
固定到腹部衣身上。

制作方法
-- Sewing --

首先，请学会布料、工具和纸样等方面的基础知识吧。

推荐布料

这里介绍容易穿着且容易缝纫的适合做狗狗服装的布料。

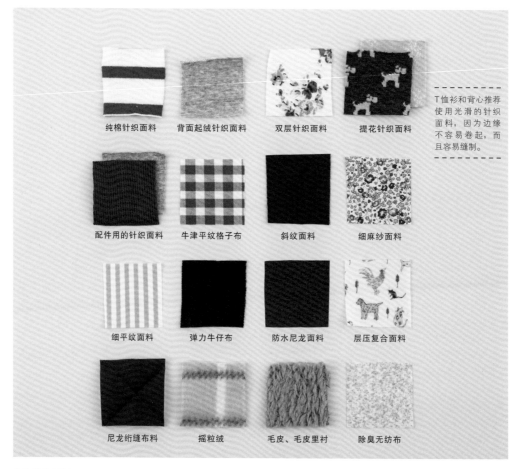

T恤衫和背心推荐使用光滑的针织面料，因为边缘不容易卷起，而且容易缝制。

纯棉针织面料…是一种多用于T恤衫等的针织布料。正面朝外和背面朝外效果不同。

背面起绒针织面料…是一种背面有绒毛的针织布料，经常用于运动衫。

双层针织面料…用连接线将2层针织面料编织到了一起，是一种蓬松柔软的针织面料。

提花针织面料…是一种织出花纹的针织布料。有正反两面都可以用的布料，也有中间夹着棉花的类型。

配件用的针织面料…主要是指氨纶罗纹布料、加氨罗纹布料、涤纶短纤罗纹抽针针织布等横向容易拉伸的针织布料。主要用于袖口和下摆等配件。

牛津平纹格子布…是一种厚度适中的棉布料，也可以用于衬衫等的制作。

斜纹面料…是一种可以看出斜织纹路的面料。具有适中的厚度。

细麻纱面料…是一种像丝绸一样柔软的薄面料。彩色印花布料的太空细棉布很有名。

细平纹面料…是一种手感柔软的普通面料。花纹也很丰富。

弹力牛仔布…是一种有弹性的便于狗狗活动的牛仔面料。

防水尼龙面料…是一种表面进行了防水加工的面料。推荐使用不容易发出沙沙的声音的面料。

层压复合面料…是一种表面被层压加工过的布料。适合制作手提包或化妆包等小物件。

尼龙绗缝布料…是一种2层尼龙布之间加入棉花的布料，保暖性超强。

摇粒绒…是一种把纤维制成薄片状的不容易绽线的布料。由聚酯纤维制成，轻且保温性能好。

毛皮、毛皮里衬…是一种带毛的布料。表面的毛具有方向性，所以裁剪时必须注意。

除臭无纺布…是一种无纺布中加入了具有除臭效果的活性炭的面料。

首先，从最基本的工具开始准备，并在需要时也一点一点地备齐更为便利的工具吧。

最基本的工具

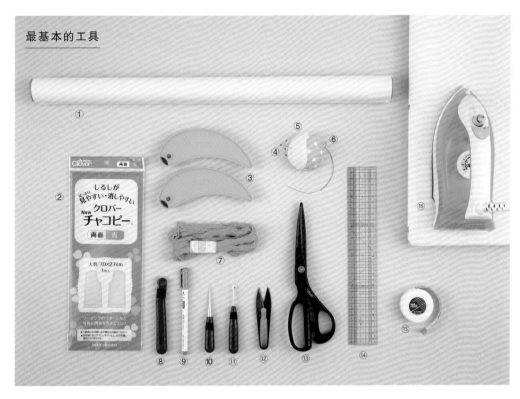

① 硫酸纸…是用于描绘纸样的薄而透明的纸。

② 布用复写纸…用于夹在布料之间，用点线轮从上面搨压画出记号。

③ 镇纸…是一种在描绘纸样等时使用的重物。

④ 大头针…是固定2层以上的布料时使用的针。

⑤ 针插…将不用的针插上去。

⑥ 手缝针…是用手缝缀时使用的针。建议使用普通面料用的缝衣针。

⑦ 假缝线…假缝时用的线。

⑧ 点线轮…是与布用复写纸配套使用的添加记号用的工具。

⑨ 画粉笔…用于添加记号。

⑩ 锥子…用于调整衣角和机缝时推送布料，用于小微作业中非常方便。

⑪ 拆线刀…在拆除缝纫线等时使用。

⑫ 剪线剪刀…是为了剪线用的小剪刀。

⑬ 裁布剪刀…是用于裁剪布料的专用剪刀。要注意，如果剪切布料以外的东西的话，锋利程度就会下降。

⑭ 方格尺子…大约30 cm的长度，带方格刻度的话更方便。

⑮ 卷尺…主要用于测量衣长和颈围等，所以要准备柔软的卷尺而不是金属卷尺。

⑯ 熨斗、熨烫台…主要用于折叠缝份、熨平皱纹等，是制作完美成品不可或缺的工具。

更为便利的工具

轮刀、切割垫

在裁切有弹性的针织布料等时，使用轮刀和切割垫可以更加准确地裁切。

固定用夹子

主要用于固定针织布料和毛皮等用大头针固定容易脱落的布料，以及层压复合布料等用大头针固定容易戳出洞的布料，这些布料用夹子固定很方便。

毛绒球制作器

使用此工具可以简单地制作出装饰在斗篷和帽子上的毛绒球。

镶边针织带

这是一种将针织面料横向裁开做成的带子。因为是已经折了三折的状态，所以处理领口和袖窿就变得非常简单了。

与实物等大的纸样的使用方法
描绘与实物等大的纸样，制作纸样并裁剪布料吧。

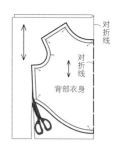

描绘 ▷▷▷

在与实物等大的纸样上，在欲描绘部件的角上，需要添加记号。将硫酸纸等薄纸放在上面，为防止移动放上镇纸压好再进行描绘。对接记号、布纹线等也不能忘记。

添加缝份 ▷▷▷

请参照制作方法页的裁剪图中标注的缝份尺寸，在描绘线的周围添加缝份。建议使用方格尺子画线。

裁剪

在缝份线处裁剪纸样。将纸样和布料的布纹对齐后用大头针固定，再沿着纸样裁剪布料。

角部缝份的添加方法

袖口的角部、衣身侧缝的角部等在完成折叠时，为了完成得更漂亮需要添加缝份。

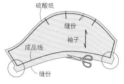

①添加完角部以外的缝份之后，周围多留一点再裁剪纸样。

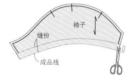

②在成品线处折叠袖口，沿袖下的缝份线剪去多余部分。在折两折的情况下要按照指定尺寸折叠。

NG

如果角部的缝份与成品线平行添加的话，折叠上去时布边就不够了。

添加记号
为了成为缝合时的标记，请添加记号吧。

布用复写纸

将布料正面向外对齐，把布用复写纸夹在中间。将纸样放到上面，用点线轮摁压画出记号。

画粉笔

先在纸样的成品线和对接记号的位置等处用锥子打小孔。将纸样放到布料上，从孔的上方添加记号。取下纸样，连接成品线的记号。

黏合衬

为了使布料更具有张力、更容易缝合，要在指定位置粘贴黏合衬。

黏合衬的种类

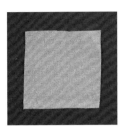

[织物类型]

粘贴领子和门襟等时，推荐使用易于贴合表布的针织类型的布衬。

[夹心黏合衬]

如果想把垫子做得蓬松的情况下，就使用绵绵的夹心黏合衬。粘贴之后稍微充点气的话就会显得很丰满。

粘贴方法

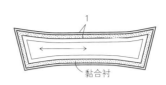

黏合衬

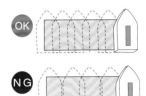

先确认裁剪图中需要粘贴的位置。包括缝份需要全面粘贴的情况下，在比纸样大一圈裁下来的布料上粘贴黏合衬之后，再与纸样对齐后裁剪。不需要全面粘贴的情况下，与指定位置对齐后裁剪黏合衬并进行粘贴。

粘贴黏合衬时，很重要的一点是"压力黏合"。垫上衬布将熨斗调至中温，一定不能滑动熨斗，为了中间没有缝隙，在每一个位置都要使劲摁压10秒左右。在冷却且黏合衬的树脂硬化之前不要挪动。

针和线的选择方法

请根据布料来选择针和线吧。缝扣子等需要使用手缝线。

布料	缝纫机针	缝纫机线
薄布料 （细麻纱面料等）	#9	#90
普通布料 （细平纹面料、牛津平纹格子布等）	#11	#60
针织布料 （纯棉针织面料、双层针织面料等）	针织布料专用的缝纫机针	针织布料专用的缝纫机线 氨纶线

布料的对齐方法

在制作方法中一定会出现的，所以一定要记住哟！

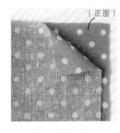
（正面）

（背面）

[正面相对]

就是将2块布料的正面朝里对齐。

[正面朝外]

就是将2块布料的正面朝外对齐。

布边的处理

为了布边不绽线要进行锁缝。

[Z字形缝纫]

锁缝布边之后接缝处就不易绽线了。另外，包缝布边也可以。

[折一折]

将布边折一折（沿一条线折叠）后缝纫。因为可以看见布边，所以需要Z字形缝纫之后再缝合。

[折两折]

将布边折两折（折一折后，将折叠部分沿布边再次折叠）后缝纫。布边缝到里边了，看不见了。

关于标记 ▪▪▪▪▪▪▪▪▪▪▪▪▪▪▪

· 在材料和尺寸中有多个数字的情况下，从左侧或者从上面开始表示尺寸XXS/XS/S/M/L/XL/TS/TM/TL/TXL/SM/SL/RM/RL。

· 材料的尺码，有花纹走向要求的情况下，需要准备的材料一定要多于本书所给出的尺寸。

· 尺码用宽×高来表示。

· 在通过图片介绍制作方法的页面中和制作方法页的图中，没有特别指定的表示长度的数字单位均为厘米（cm）。

· 裁剪图是以S码为基准展示的。由于制作的尺码和使用布料的不同，在配置中会产生差异，所以必须放置全部的纸样进行确认之后再进行裁剪。

· 只是直线的部件没有附加纸样。请参照裁剪图中标注的尺寸，直接在布料上画线裁剪即可（不要忘记缝份哟）。

· 与实物等大的纸样中不包含缝份。请参照裁剪图添加指定的缝份。纸样的使用方法请参照p.54。

辅助材料的使用方法 ▪▪▪▪▪▪▪▪▪▪▪▪▪▪

气眼扣

※ 也叫作美式气眼扣、嵌入式气眼扣等。

①在需要安装的位置上用锥子打一个孔，把扣爪插入孔中。

②按照顺序在穿过去的扣爪上安装母扣或子扣。

③将冲子放到母扣或子扣上面，用锤子敲打。一直敲打到不摇晃为止。

④气眼扣就安好了。

按扣

①将手缝线打结，从按扣的侧面出针。再从旁边插入针，从按扣上的孔中拔出。

②将线绕过针去。

③拔出针，拉紧线。

④采取同样的方法，每个孔中大约缝3针。所有的孔都缝好之后，从背面出针，再给手缝线打个结剪掉。

B 打褶连衣裙

与实物等大的纸样 第1面〈B〉-1腹部衣身、2背部衣身、3裙子

彩图 p.6

材料

- 双层针织面料(木纹、米色)155 cm宽
- 提花针织面料 苏格兰方格150 cm宽
- 宽11 mm的镶边针织带(米色)
- 宽0.6 cm的松紧带
- 丝带…适量

尺码

单位：cm

	XXS~M	L/XL	TS~TXL	SM/SL	RM/RL
双层针织面料(155 cm宽)	35	40	40	45	65
提花针织面料(150 cm宽)	30	30	35	35	40
镶边针织带	135	155	140	165	205

单位：cm

	XXS	XS	S	M	L	XL	TS	TM	TL	TXL	SM	SL	RM	RL
松紧带	8.5	10	12	13.5	15	16.5	11	12.5	13.5	15	18	19	21	23

缝制方法和顺序

◎颈围
22/24/27/30/
35/38/
23/26/29/32/
37/40/
45/50

▲衣长
22/24/26/28/
31/33/
31/34/36/38/
36/40/
58/62

□胸围
32/37/43/48/
53/58/
38/43/47/52/
60/65/
82/90

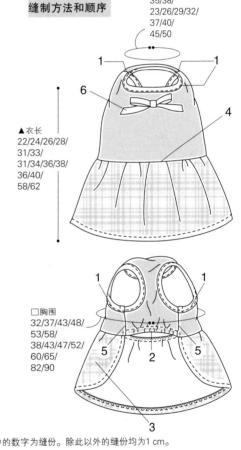

※〇中的数字为缝份。除此以外的缝份均为1 cm。
※数字从左边开始与尺码表顺序相同。
※ ⊞ 表示各种尺码所用布料的数量请参照尺码表。

裁剪图

双层针织面料(木纹、米色)

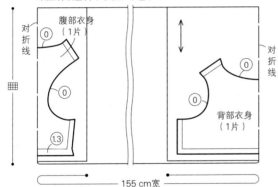

腹部衣身
(1片)

背部衣身
(1片)

对折线

对折线

155 cm宽

提花针织面料 苏格兰方格

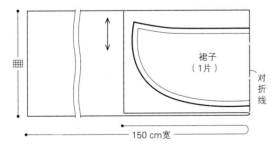

裙子
(1片)

对折线

150 cm宽

1. 缝合衣身的肩部、处理领口和袖窿

（请参照p.43、p.44的步骤1~3）

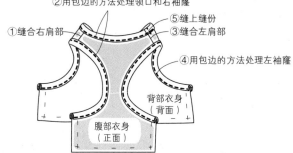

②用包边的方法处理领口和右袖窿
①缝合右肩部
③缝合左肩部
⑤缝上缝份
④用包边的方法处理左袖窿
背部衣身（背面）
腹部衣身（正面）

2. 给腹部衣身的下摆穿入松紧带

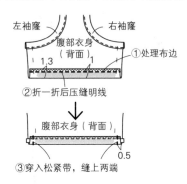

左袖窿　右袖窿
腹部衣身（背面）
①处理布边
1.3　　1
②折一折后压缝明线
腹部衣身（背面）
0.5
③穿入松紧带，缝上两端

3. 缝制裙子

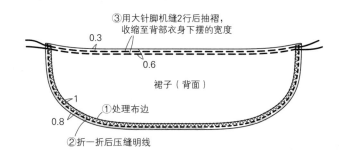

③用大针脚机缝2行后抽褶，收缩至背部衣身下摆的宽度
0.3
0.6
裙子（背面）
1
0.8
①处理布边
②折一折后压缝明线

4. 缝合衣身和裙子

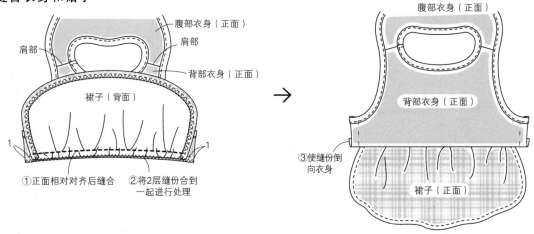

腹部衣身（正面）
肩部
肩部
背部衣身（正面）
裙子（背面）
1　　1
①正面相对对齐后缝合
②将2层缝份缝合到一起进行处理

腹部衣身（正面）
背部衣身（正面）
③使缝份倒向衣身
裙子（正面）

5. 缝合侧缝

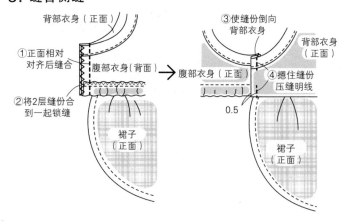

背部衣身（正面）
①正面相对对齐后缝合
腹部衣身（背面）
②将2层缝份合到一起锁缝
裙子（正面）

③使缝份倒向背部衣身
背部衣身（正面）
腹部衣身（正面）
④摁住缝份压缝明线
0.5
裙子（正面）

6. 把蝴蝶结缝到背部衣身上

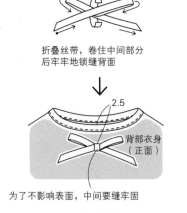

折叠丝带，卷住中间部分后牢牢地锁缝背面

2.5
背部衣身（正面）

为了不影响表面，中间要缝牢固

C 薄纱连衣裙

与实物等大的纸样 第1面〈C〉-1腹部衣身、2背部衣身

彩图 p.7

材 料

- 背面起短绒的布料 m·dot（薰衣草底色带白色圆点）160 cm宽
- 软薄纱15D（米白色）188 cm宽
- 宽11 mm的镶边针织带（浅灰色）
- 宽0.6 cm的松紧带

尺 码

单位：cm

	XXS~M	L/XL	TS~TXL	SM/SL	RM/RL
背面起短绒的布料（160 cm宽）	40	45	45	50	70
软薄纱15D（188 cm宽）	30	65	40	70	90
镶边针织带	135	155	140	165	205

单位：cm

	XXS	XS	S	M	L	XL	TS	TM	TL	TXL	SM	SL	RM	RL
松紧带	8	9.5	11.5	13	14.5	16	10.5	12	13	14.5	17.5	19	21	23

裁剪图

背面起短绒的布料 m·dot（薰衣草底色带白色圆点） 软薄纱15D（米白色）

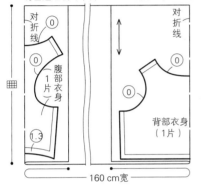

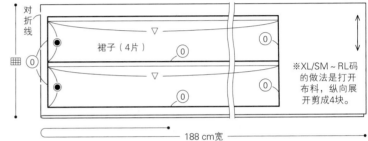

※XL/SM～RL码的做法是打开布料，纵向展开剪成4块。

● = 7/8/9/10/11.5/12.5/12.4/13.2/14/14.8/13.5/15/19.8/21.3
▽ = 54.4/63/72.8/81.6/88.2/96.8/62/70.4/77.2/85.8/99/107.2/126.6/139

※○中的数字为缝份。除此以外的缝份均为1 cm。
※数字从左边开始与尺码表顺序相同。
※囲表示各种尺码所用布料的数量请参照尺码表。

1、2（与p.58的步骤1、2相同）

3.缝制裙子

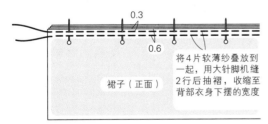

将4片软薄纱叠放到一起，用大针脚机缝2行后抽褶，收缩至背部衣身下摆的宽度

4.缝合衣身和裙子

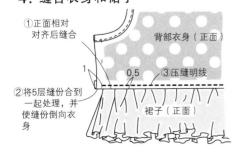

①正面相对对齐后缝合
②将5层缝份缝合到一起处理，并使缝份倒向衣身
③压缝明线

缝制方法和顺序

5.缝合侧缝
（与p.58相同）

※▲、◎、□的成品尺寸与p.57相同。

D 前开口背心

与实物等大的纸样　第2面〈D〉-1过肩、2腹部衣身、3背部衣身、4罗纹袖口、5罗纹下摆、6领子

彩图 p.8

材料

- 40/氨纶罗纹布料（黑色）45 cm宽
- 提花针织面料（红黑方格）145 cm宽
- 黏合衬
- 宽1.2 cm的针织面料用防拉伸衬条
- 直径1.5 cm的气眼扣　XXS ~ SL码…1组、RM/RL码…3组

尺码

单位：cm

	XXS~M	L/XL	TS~TXL	SM/SL	RM/RL
提花针织面料（145 cm宽）	40	50	50	60	75
40/氨纶罗纹布料（45 cm宽）	20	30	30	30	40
黏合衬	20×20	20×20	20×20	20×20	25×30
防拉伸衬条	50	60	55	70	80

裁剪图

40/氨纶罗纹布料（黑色）

罗纹袖口（2片）

因为是筒状，所以需要剪开

罗纹下摆（1片）　领子（1片）

90 cm宽

准备　在过肩和背部衣身的领口处，将防拉伸衬条粘贴在缝纫线上面。在过肩的贴边部分粘贴黏合衬，并锁缝布边（请参照裁剪图）。用熨斗将领子、罗纹袖口、罗纹下摆折一折。为了不让罗纹布料拉伸，要从上面轻轻摁压着熨烫。

对折线　领子（正面）

提花针织面料（红黑方格）

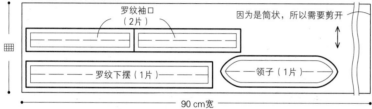

对折线　前门襟边沿　防拉伸衬条　0.2　过肩（2片）　对折线　0.2

腹部衣身（1片）　背部衣身（1片）

145 cm宽

※〇中的数字为缝份。除此以外的缝份均为1 cm。

※▨ 表示背面需要粘贴黏合衬。

※▩ 表示背面需要粘贴防拉伸衬条。

※∿∿ 表示此处需要处理布边。

※数字从左边开始与尺码表顺序相同。

※⊞ 表示各种尺码所用布料的数量请参照尺码表。

缝制方法和顺序

●颈围
22/25/28/31/
36/40/
24/27/30/33/
40/43/
48/53

▽衣长
24.2/26.2/28.5/30.5/
34/36/
33.7/37/39/41/
42.7/46.7/
62.5/66.5

■胸围
34/39/45/50/
55/60/
40/45/49/54/
62/76/
84/92

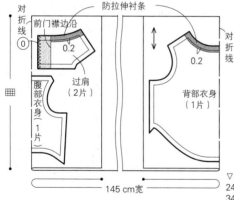

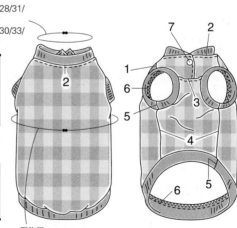

1. 缝合肩部

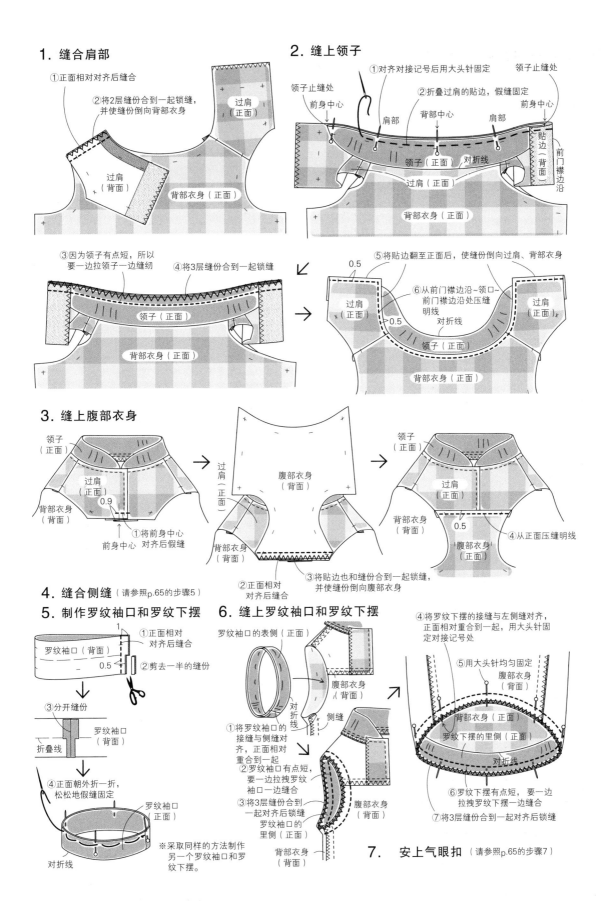

①正面相对对齐后缝合

②将2层缝份合到一起锁缝，并使缝份倒向背部衣身

过肩（正面）

过肩（背面）

背部衣身（正面）

③因为领子有点短，所以要一边拉领子一边缝纫

④将3层缝份合到一起锁缝

领子（正面）

背部衣身（正面）

2. 缝上领子

①对齐对接记号后用大头针固定

②折叠过肩的贴边，假缝固定

领子止缝处

前身中心

肩部

背部中心

肩部

前身中心

领子止缝处

领子（正面）

对折线

贴边（背面）

前门襟边沿

过肩（正面）

背部衣身（正面）

⑤将贴边翻至正面后，使缝份倒向过肩、背部衣身

0.5

⑥从前门襟边沿~领口~前门襟边沿处压缝明线

对折线

过肩（正面）

过肩（正面）

领子（正面）

背部衣身（正面）

3. 缝上腹部衣身

领子（正面）

过肩（正面）

0.9

背部衣身（背面）

①将前身中心对齐后假缝

前身中心

领子（正面）

过肩（正面）

腹部衣身（背面）

背部衣身（背面）

②正面相对对齐后缝合

③将贴边也和缝份合到一起锁缝，并使缝份倒向腹部衣身

领子（正面）

过肩（正面）

0.5

背部衣身（背面）

腹部衣身（正面）

④从正面压缝明线

4. 缝合侧缝（请参照p.65的步骤5）

5. 制作罗纹袖口和罗纹下摆

1

罗纹袖口（背面）

0.5

①正面相对对齐后缝合

②剪去一半的缝份

③分开缝份

折叠线

罗纹袖口（背面）

④正面朝外折一折，松松地假缝固定

罗纹袖口（正面）

对折线

※采取同样的方法制作另一个罗纹袖口和罗纹下摆。

6. 缝上罗纹袖口和罗纹下摆

罗纹袖口的表侧（正面）

对折线

腹部衣身（背面）

侧缝

①将罗纹袖口的接缝与侧缝对齐，正面相对重合到一起

②罗纹袖口有点短，要一边拉拽罗纹袖口一边缝合

③将3层缝份合到一起对齐后锁缝

罗纹袖口的里侧（正面）

背部衣身（背面）

腹部衣身（背面）

④将罗纹下摆的接缝与左侧缝对齐，正面相对重合到一起，用大头针固定对接记号处

⑤用大头针均匀固定

腹部衣身（背面）

背部衣身（正面）

罗纹下摆的里侧（正面）

对折线

⑥罗纹下摆有点短，要一边拉拽罗纹下摆一边缝合

⑦将3层缝份合到一起对齐后锁缝

7. 安上气眼扣（请参照p.65的步骤7）

E 带风帽的背心

与实物等大的纸样 第2面〈E〉—1过肩、2腹部衣身、3背部衣身、4罗纹袖口、5罗纹下摆、6风帽、7衣兜

彩图 p.9

材料

- TOP混合 弹力背面起绒布料(混合灰色)160 cm宽
- 横条棱纹布料(蓝色)150 cm宽
- 氨纶罗纹布料(混合灰色)45 cm宽
- 黏合衬
- 宽1.2 cm的针织面料用防拉伸衬条
- 直径1.5 cm的气眼扣　XXS～SL码…1组、RM/RL码…3组

尺码

单位：cm

	XXS～M	L/XL	TS～TXL	SM/SL	RM/RL
弹力背面起绒布料(160 cm宽)	40	50	50	60	75
横条棱纹布料(150 cm宽)	35	35	35	40	45
氨纶罗纹布料	20	20	20	20	25
黏合衬	25×20	25×20	25×20	25×25	30×35
防拉伸衬条	75	85	85	90	110

准备 在过肩和背部衣身的领口处，将防拉伸衬条粘贴在缝纫线上面。
衣兜口粘贴防拉伸衬条。
在过肩的贴边部分粘贴黏合衬，并锁缝布边(请参照裁剪图)。
用熨斗将罗纹袖口、罗纹下摆折一折。为了不让罗纹布料拉伸，要从上面轻轻摁着熨烫。

裁剪图

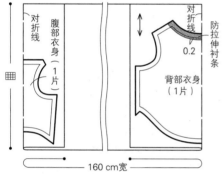

TOP混合 弹力背面起绒布料(混合灰色)

对折线
腹部衣身(1片)
对折线
背部衣身(1片)
防拉伸衬条
0.2
160 cm宽

横条棱纹布料(蓝色)
对折线
防拉伸衬条
⓪　0.2
防拉伸衬条
风帽(2片)
前门襟边沿过肩(2片)
1.5　衣兜(1片)　1.5
风帽贴边(1片)　2.5
150 cm宽

◎ = 30/35/40/42/46/47/
37.4/39.8/42.2/43.2/
49.6/51.6/
65/67

氨纶罗纹布料(混合灰色)
罗纹袖口(2片)
因为是筒状，所以需要剪开
罗纹下摆(1片)
90 cm宽

罗纹袖口(正面)
对折线

※○中的数字为缝份。除此以外的缝份均为1 cm。
※▨ 表示背面需要粘贴黏合衬。※▨ 表示背面需要粘贴防拉伸衬条。
※〰 表示此处需要处理布边。※数字从左边开始与尺码表顺序相同。
※⊞ 表示各种尺码所用布料的数量请参照尺码表。

缝制方法和顺序

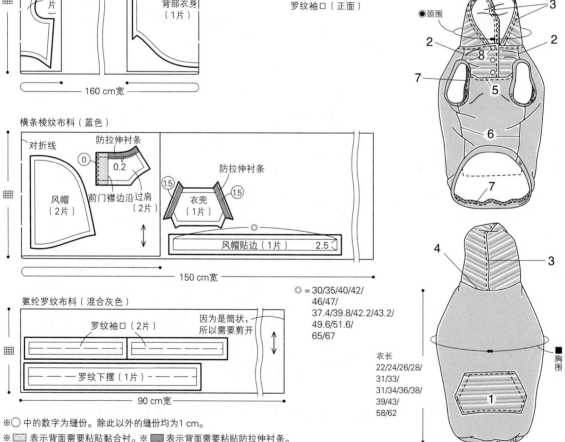

●颈围
3
2　2
8
7　7
5
6
7

4
3

衣长
22/24/26/28/
31/33/
31/34/36/38/
39/43/
58/62

1

■胸围

※●、■的成品尺寸与p.60的相同。

1. 制作衣兜并缝上去

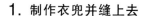

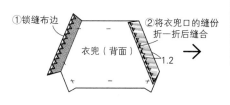

①锁缝布边

衣兜（背面）

②将衣兜口的缝份折一折后缝合

1.2

背部衣身（正面）

0.2

衣兜（正面）

③将衣兜缝到需要安装的位置

0.2

2. 缝合肩部

（请参照p.61的步骤1）

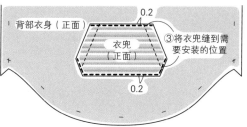

⑥压缝明线

风帽贴边（正面）

0.2

风帽（正面）

缝份倒向贴边

⑦将缝份折进去后压缝明线

风帽（背面）

风帽贴边（正面）

1

3. 制作风帽

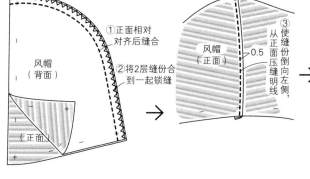

风帽（背面）

①正面相对对齐后缝合

②将2层缝份合到一起锁缝

（正面）

风帽（正面）

0.5

③从正面压缝倒向左侧，份明线

④正面相对对齐后缝合

风帽（背面）

风帽贴边（背面）

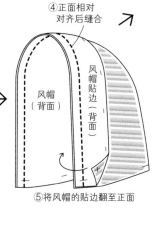

⑤将风帽的贴边翻至正面

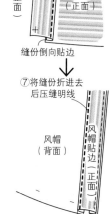

4. 缝上风帽

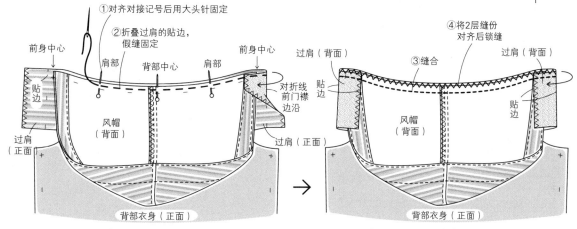

①对齐对接记号后用大头针固定

②折叠过肩的贴边，假缝固定

前身中心

肩部

背部中心

肩部

前身中心

对折线前门襟边沿

贴边

过肩（正面）

风帽（背面）

过肩（正面）

背部衣身（正面）

③缝合

④将2层缝份对齐后锁缝

过肩（背面）

贴边

风帽（背面）

过肩（背面）

贴边

背部衣身（正面）

⑤将贴边翻至正面，使缝份倒向过肩、背部衣身

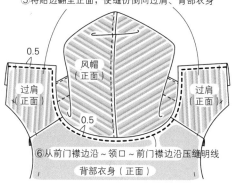

0.5

过肩（正面）

风帽（正面）

过肩（正面）

0.5

⑥从前门襟边沿～领口～前门襟边沿压缝明线

背部衣身（正面）

5. 缝上腹部衣身 （请参照p.61的步骤3）

6. 缝合侧缝 （请参照p.65的步骤5）

7. 制作并缝上罗纹袖口和罗纹下摆

（请参照p.61的步骤5、6）

8. 安上气眼扣 （请参照p.65的步骤7）

F 海军领背心

与实物等大的纸样　第2面〈F〉—1过肩、2腹部衣身、3背部衣身、4罗纹袖口、5罗纹下摆、6领子

彩图 p.10

材 料

- 旁遮普棉制条纹布（白色＋海蓝色）115 cm宽
- 16sBD平织厚棉布（蓝色）170 cm宽
- 20s氨纶罗纹布料（蓝色）90 cm宽
- 宽8.5 mm的海军领上的装饰带
- 黏合衬
- 宽1.2 cm的针织面料用防拉伸衬条
- 直径1.5 cm的气眼扣　XXS～SL码…1组、RM／RL码…3组

尺 码

单位：cm

	XXS~M	L/XL	TS~TXL	SM/SL	RM/RL
旁遮普棉制条纹布（115 cm宽）	40	45	50	60	75
16sBD平织厚棉布（170 cm宽）	30	30	30	35	40
20s氨纶罗纹布料（90 cm宽）	20	20	20	20	25
黏合衬	25×25	25×25	25×25	25×25	30×35
防拉伸衬条	55	60	55	65	80
海军领上的装饰带	60	75	60	80	100

裁剪图

旁遮普棉制条纹布（白色＋海蓝色）

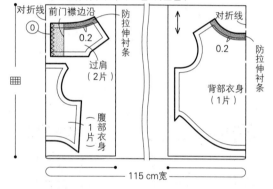

115 cm宽

20s氨纶罗纹布料（蓝色）

罗纹袖口（2片）

罗纹下摆（1片）

90 cm宽

16sBD平织厚棉布（蓝色）

对折线

领子（2片）

170 cm宽

※○ 中的数字为缝份。除此以外的缝份均为1 cm。

※ ▨ 表示背面需要粘贴黏合衬。※ ▨ 表示背面需要粘贴防拉伸衬条。

※ ∧∧∧ 表示此处需要处理布边。※ ⊞ 表示各种尺码所用布料的数量请参照尺码表。

准备　在过肩和背部衣身的领口处，将防拉伸衬条粘贴在缝纫线上面。在过肩的贴边部分粘贴黏合衬，并锁缝布边（请参照裁剪图）。用熨斗将罗纹袖口、罗纹下摆折一折。为了不让罗纹布料拉伸，从上面轻轻摁压着熨烫。

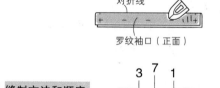

对折线

罗纹袖口（正面）

缝制方法和顺序

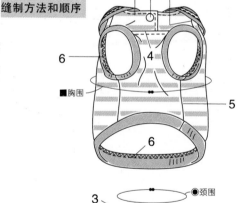

■胸围

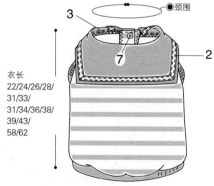

●颈围

衣长
22/24/26/28/
31/33/
31/34/36/38/
39/43/
58/62

※● 、■ 的成品尺寸与p.60的相同。

1. 缝合肩部 （请参照p.61的步骤1）

2. 制作领子

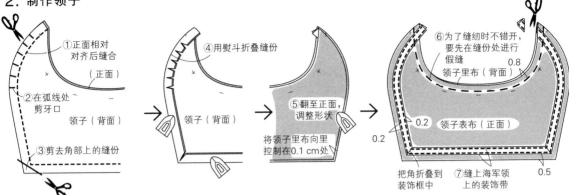

⑧剪去多余的缝份

①正面相对
对齐后缝合

（正面）

②在弧线处
剪牙口

领子（背面）

③剪去角部上的缝份

④用熨斗折叠缝份

领子（背面）

⑤翻至正面，
调整形状

将领子里布向里
控制在0.1 cm处

⑥为了缝纫时不错开，
要先在缝份处进行
假缝

领子里布（背面）

0.8

0.2

0.2

领子表布（正面）

0.5

把角折叠到
装饰框中

⑦缝上海军领
上的装饰带

3. 缝上领子

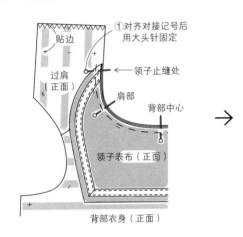

贴边

过肩
（正面）

①对齐对接记号后
用大头针固定

领子止缝处

肩部

背部中心

领子表布（正面）

背部衣身（正面）

前门襟边沿

②折叠过肩
的贴边，
假缝固定

贴边（背面）

过肩
（正面）

④将3层缝份
对齐后锁缝

③缝合

0.5

前门襟边沿

过肩
（正面）

领子表布（正面）

背部衣身（正面）

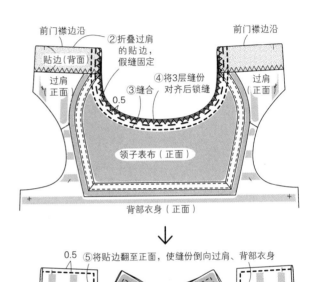

0.5

过肩
（正面）

⑤将贴边翻至正面，使缝份倒向过肩、背部衣身

领子里布
（正面）

过肩
（正面）

0.5

⑥从前门襟边沿～领口～
前门襟边沿压缝明线

背部衣身
（正面）

4. 缝上腹部衣身 （请参照p.61的步骤3）

5. 缝合侧缝

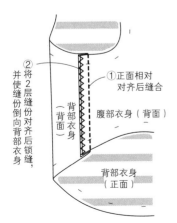

②将2层缝份对齐后锁缝，并使缝份倒向背部衣身

①正面相对
对齐后缝合

背部衣身（背面）

腹部衣身（背面）

背部衣身（正面）

6. 制作并缝上罗纹袖口和罗纹下摆 （请参照p.61的步骤5、6）

7. 安上气眼扣

※气眼扣的安装方法请参照p.56。

<XXS～SL码>

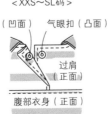

（凹面） 气眼扣（凸面）

过肩
（正面）

腹部衣身（正面）

<RM/RL码>

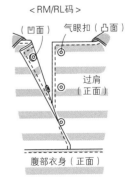

（凹面） 气眼扣（凸面）

过肩
（正面）

腹部衣身（正面）

G 小盖袖背心

与实物等大的纸样 第1面〈G〉−1腹部衣身、2背部衣身、3袖子、4衣兜、5门襟

彩图 p.12

材料

· 双层印花面料（花纹）160 cm宽
· 聚酯纤维/人造丝棉布（钻蓝色）155 cm宽
· 直径1.2 cm的装饰扣　XXS～TXL码…2个、SM～RL码…3个
· 厚纸…适量

单位：cm

尺码

	XXS~M	L/XL	TS~TXL	SM/SL	RM/RL
双层印花面料（160 cm宽）	40	50	50	60	75
聚酯纤维/人造丝棉布（155 cm宽）	30	30	30	40	40

裁剪图

聚酯纤维/人造丝棉布（钻蓝色）

☆ = 19.6/21.2/23.6/26/30/32.4/
20.4/22.8/25.2/27.6/31.6/34/36/40

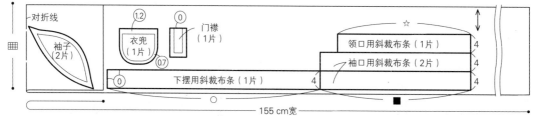

对折线　袖子（2片）　衣兜（1片）1.2　0.7　门襟（1片）0　领口用斜裁布条（1片）4　袖口用斜裁布条（2片）4　下摆用斜裁布条（1片）4

155 cm宽

○ = 33.7/38.2/43.6/48.2/55/59.6/
41.2/46.5/50.2/54.7/65.5/71.4/79/86

■ = 21.8/23.8/26.5/28.5/29.7/32/
24.2/25.7/27/28.9/35.6/37.2/46.6/48.6

双层印花面料（花纹）

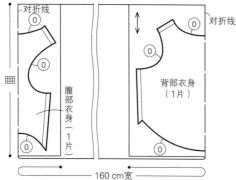

对折线　腹部衣身（1片）　对折线　背部衣身（1片）

160 cm宽

※○中的数字为缝份。除此以外的缝份均为1 cm。
※数字从左边开始与尺码表顺序相同。
※⊞表示各种尺码所用布料的数量请参照尺码表。

缝制方法和顺序

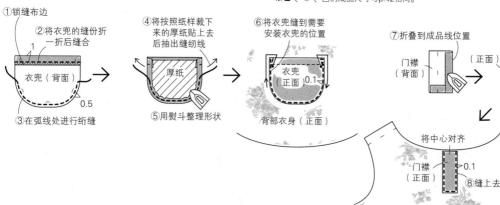

○颈围　□胸围　▲衣长

※▲、◎、□的成品尺寸与p.42相同。

1. 将衣兜和门襟缝到背部衣身上

①锁缝布边
②将衣兜的缝份折一折后缝合
1
衣兜（背面）
0.5
③在弧线处进行绗缝

→

④将按照纸样裁下来的厚纸贴上去后抽出缝纫线
厚纸
⑤用熨斗整理形状

→

⑥将衣兜缝到需要安装衣兜的位置
衣兜正面
0.1
背部衣身（正面）

⑦折叠到成品线位置
门襟（背面）　（正面）

↙

将中心对齐
门襟（正面）0.1
⑧缝上去
背部衣身（正面）

2. 缝合衣身的肩部，包缝领口

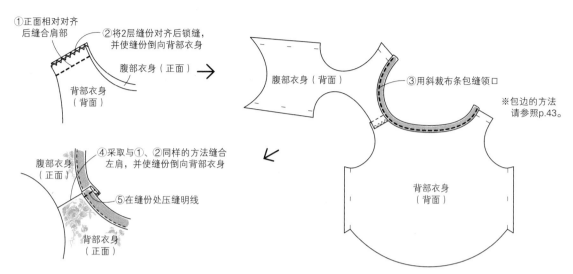

①正面相对对齐后缝合肩部

②将2层缝份对齐后锁缝，并使缝份倒向背部衣身

腹部衣身（正面）→

腹部衣身（背面）

③用斜裁布条包缝领口

※包边的方法请参照p.43。

背部衣身（背面）

④采取与①、②同样的方法缝合左肩，并使缝份倒向背部衣身

腹部衣身（正面）

⑤在缝份处压缝明线

背部衣身（正面）

3. 制作并缝上袖子

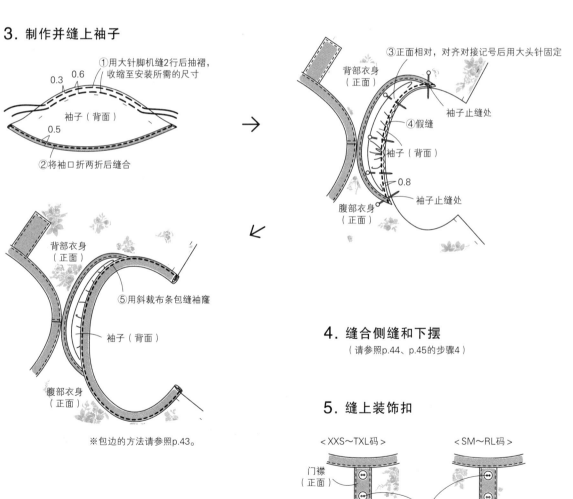

①用大针脚机缝2行后抽褶，收缩至安装所需的尺寸

0.3　0.6

袖子（背面）

0.5

②将袖口折两折后缝合

③正面相对，对齐对接记号后用大头针固定

背部衣身（正面）

袖子止缝处

④假缝

袖子（背面）

0.8

腹部衣身（正面）

袖子止缝处

背部衣身（正面）

⑤用斜裁布条包缝袖窿

袖子（背面）

腹部衣身（正面）

※包边的方法请参照p.43。

4. 缝合侧缝和下摆

（请参照p.44、p.45的步骤4）

5. 缝上装饰扣

< XXS～TXL码 >

门襟（正面）

背部衣身（正面）

装饰扣

< SM～RL码 >

背部衣身（正面）

H T恤衫

与实物等大的纸样　第3面〈H〉−1腹部衣身、2背部衣身、3袖子、4罗纹领子、5罗纹袖口、6罗纹下摆

彩图 p.14

材料

- 反向提花针织面料（人字形花纹）150 cm宽
- 氨纶罗纹布料（白色）45 cm宽
- 宽1.2 cm的针织布料用防拉伸衬条

尺码

单位：cm

	XXS~M	L/XL	TS~TXL	SM/SL	RM/RL
反向提花针织面料（150 cm宽）	40	45	50	65	75
氨纶罗纹布料（45 cm宽）	20	20	20	20	30
防拉伸衬条	50	55	50	60	65

裁剪图

反向提花针织面料（人字形花纹）

对折线
防拉伸衬条
0.2
腹部衣身（1片）
袖子（2片）
背部衣身（1片）
对折线
防拉伸衬条
0.2

150 cm宽

氨纶罗纹布料（白色）

罗纹袖口（2片）
罗纹领子（1片）
罗纹下摆（1片）
因为是筒状，所以需要剪开

90 cm宽

※缝份均为1 cm。※▨ 表示背面需要粘贴防拉伸衬条。
※数字从左边开始与尺码表顺序相同。
※ ⊞ 表示各种尺码所用布料的数量请参照尺码表。

准备　在腹部衣身和背部衣身的领口处，将防拉伸衬条粘贴在缝纫线上面（请参照裁剪图）。用熨斗将罗纹领子、罗纹袖口、罗纹下摆折一折。为了不让罗纹布料拉伸，要从上面轻轻摁压着熨烫。

缝制方法和顺序

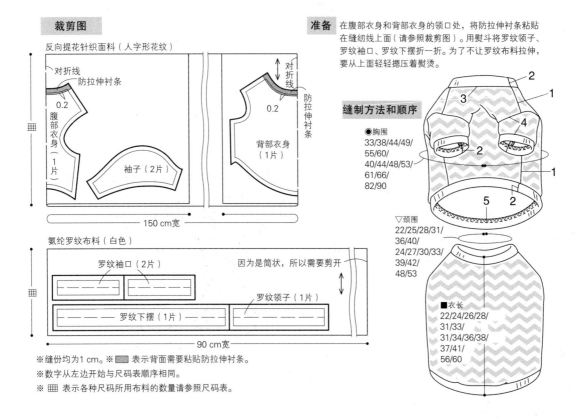

●胸围
33/38/44/49/55/60/
40/44/48/53/
61/66/
82/90

▽颈围
22/25/28/31/36/40/
24/27/30/33/39/42/
48/53

■衣长
22/24/26/28/31/33/
31/34/36/38/
37/41/
56/60

1. 缝合肩部和侧缝 （请参照p.43、p.44的步骤1~4）

2. 制作罗纹领子、罗纹袖口、罗纹下摆
（请参照p.61的步骤5）

3. 缝上罗纹领子

①正面相对对齐后，用大头针固定对接记号处再进行假缝，一边拉拽罗纹领子一边缝合
使罗纹领子的接缝与左肩缝对齐
②将3层缝份对齐后锁缝，并使缝份倒向衣身
背部衣身（背面）
罗纹领子的里侧（正面）
对折线
腹部衣身（背面）

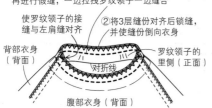

4. 缝制袖子并缝上去

罗纹袖口（正面）
对折线
袖子（背面）
③采取与罗纹领子同样的方法缝合
①将袖下部分正面相对对齐后缝合
②将2层缝份对齐后锁缝，并使缝份倒向下摆
使罗纹袖口的接缝与袖下的侧缝对齐
④将3层缝份对齐后锁缝，并使缝份倒向袖子
⑤正面相对对齐后，用大头针固定对接记号处再进行假缝
腹部衣身肩部（背面）
袖山
袖子（背面）
袖下
⑥将2层对齐后锁缝缝份

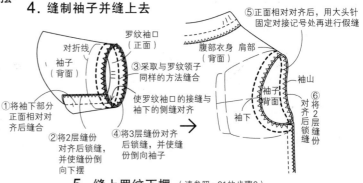

5. 缝上罗纹下摆 （请参照p.61的步骤6）

I 高领 T 恤衫

与实物等大的纸样　第 3 面〈 I 〉-1 腹部衣身、2 背部衣身、3 袖子、4 领子、5 罗纹下摆

彩图 p.15

材料
- 阿兰花样布料 100 cm 宽
- 40/氨纶罗纹布料（乳白色）45 cm 宽
- 宽 1.2 cm 的针织布料用防拉伸衬条

尺码

单位：cm

	XXS~M	L/XL	TS~TXL	SM/SL	RM/RL
阿兰花样布料（100 cm 宽）	50	60	55	95	135
40/氨纶罗纹布料（45 cm 宽）	15	15	15	15	30
防拉伸衬条	45	50	50	60	70

准备　在腹部衣身和背部衣身的领口处，将防拉伸衬条粘贴在缝纫线上面。处理袖口的布边（请参照裁剪图）。用熨斗将罗纹下摆折一折。为了不让罗纹布料拉伸，要从上面轻轻摁着熨烫。

裁剪图

阿兰花样布料

40/氨纶罗纹布料（乳白色）

因为是筒状，所以需要剪开

罗纹下摆（1片）

—— 90 cm宽 ——

※ 缝份均为 1 cm。
※ ▨ 表示背面需要粘贴防拉伸衬条。
※ ∧∧∧ 表示此处需要处理布边。
※ ⊞ 表示各种尺码所用布料的数量请参照尺码表。

缝制方法和顺序

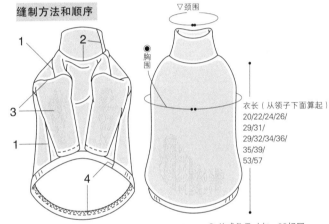

▽颈围

◉胸围

衣长（从领子下面算起）
20/22/24/26/
29/31/
29/32/34/36/
35/39/
53/57

※▽、◉ 的成品尺寸与 p.68 相同。

1. 缝合肩部和侧缝 （请参照 p.43、p.44 的步骤 1~4）

2. 缝制领子并缝上去

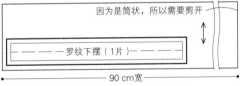

3. 缝制袖子并缝上去

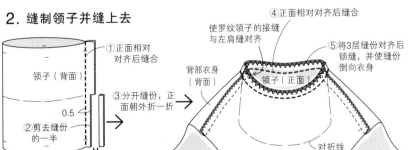

①将袖口折一折后缝合

袖子（背面）

②正面相对对齐后缝合

0.8

③将 2 层缝份对齐后锁缝，并使缝份倒向下摆

④缝上袖子
（请参照 p.68 步骤 4 中的⑤、⑥）

4. 缝制罗纹下摆并缝上去

（请参照 p.61 的步骤 5、6）

69

K 连衣裙

与实物等大的纸样 第3面〈K〉–1腹部衣身、2背部衣身、3袖子、4罗纹领子、5罗纹袖口、6罗纹下摆、7前裙片、8后裙片、9后拼腰、10侧衣兜、11侧衣兜贴边、12衣兜

彩图 p.16

材料
- 反向提花针织面料（猰狗图案）150 cm宽
- 超弹力牛仔布料120 cm宽
- 20s氨纶罗纹布料（粉红色）45 cm宽
- 宽1.2 cm的针织布料用防拉伸衬条
※ 牛仔布料压缝明线用的上线，请使用#30的线。

尺码

单位：cm

	XXS~M	L/XL	TS~TXL	SM/SL	RM/RL
反向提花针织面料（150 cm宽）	35	35	40	45	60
超弹力牛仔布料（120 cm宽）	25	30	30	30	40
20s氨纶罗纹布料（45 cm宽）	20	20	20	30	30
防拉伸衬条	50	55	50	60	70

准备 在腹部衣身和背部衣身的领口处，将防拉伸衬条粘贴在缝纫线上面。处理衣兜口、侧衣兜、侧衣兜贴边的布边。用熨斗将罗纹领子、罗纹袖口、罗纹下摆折一折。为了不让罗纹布料拉伸，要从上面轻轻摁着熨烫。

裁剪图

反向提花针织面料（猰狗图案）

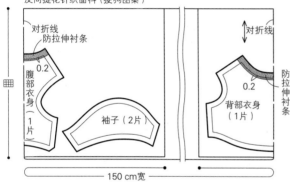

20s氨纶罗纹布料（粉红色）

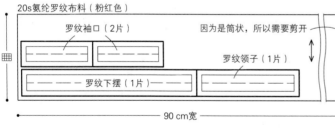

超弹力牛仔布料

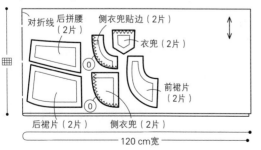

缝制方法和顺序

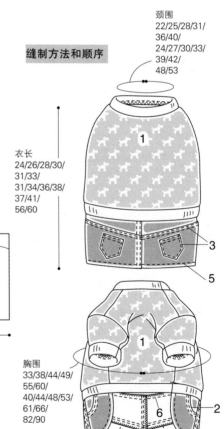

颈围
22/25/28/31/36/40/
24/27/30/33/39/42/
48/53

衣长
24/26/28/30/31/33/
31/34/36/38/37/41/
56/60

胸围
33/38/44/49/55/60/
40/44/48/53/61/66/
82/90

※ ○中的数字为缝份。除此以外的缝份均为1 cm。
※ ▨ 表示背面需要粘贴防拉伸衬条。※ ∿∿ 表示此处需要处理布边。
※ 数字从左边开始与尺码表顺序相同。
※ ⊞ 表示各种尺码所用布料的数量请参照尺码表。

1. 缝制衣身 （请参照p.68 T恤衫的制作方法）

2. 将贴边和侧衣兜缝到前裙片上　　※侧衣兜为装饰衣兜。

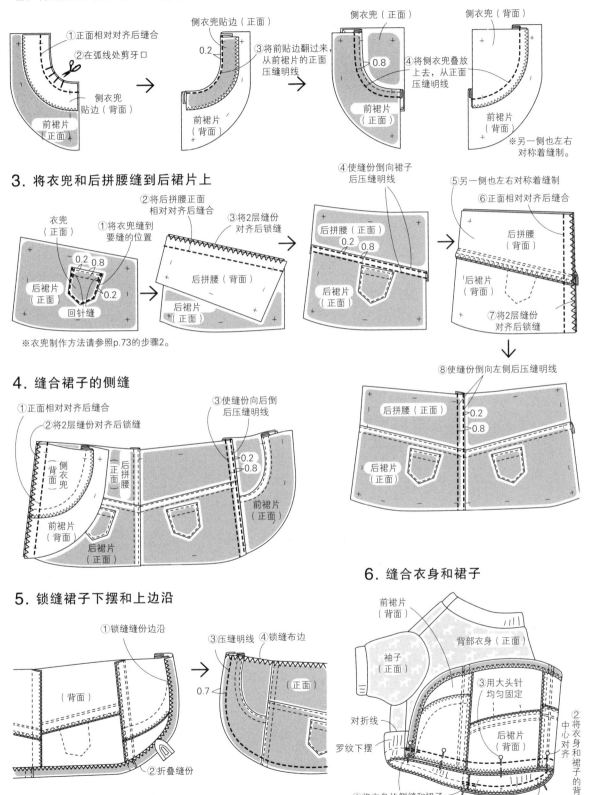

①正面相对对齐后缝合
②在弧线处剪牙口
侧衣兜贴边（背面）
前裙片（正面）

侧衣兜贴边（正面）
0.2
③将前贴边翻过来，从前裙片的正面压缝明线
前裙片（背面）

侧衣兜（正面）
0.8
④将侧衣兜叠放上去，从正面压缝明线
前裙片（正面）

侧衣兜（背面）
前裙片（背面）
※另一侧也左右对称着缝制。

3. 将衣兜和后拼腰缝到后裙片上

衣兜（正面）
①将衣兜缝到要缝的位置
0.2　0.8
0.2
后裙片（正面）
回针缝

②将后拼腰正面相对对齐后缝合
③将2层缝份对齐后锁缝
后拼腰（背面）
后裙片（正面）

④使缝份倒向裙子后压缝明线
后拼腰（正面）
0.2　0.8
后裙片（正面）

⑤另一侧也左右对称着缝制
⑥正面相对对齐后缝合
后拼腰（背面）
后裙片（背面）
⑦将2层缝份对齐后锁缝

⑧使缝份倒向左侧后压缝明线
后拼腰（正面）
0.2
0.8
后裙片（正面）

※衣兜制作方法请参照p.73的步骤2。

4. 缝合裙子的侧缝

①正面相对对齐后缝合
②将2层缝份对齐后锁缝
侧衣兜（背面）
正面
后拼腰
正面
③使缝份向后倒后压缝明线
0.2
0.8
前裙片（正面）
前裙片（背面）
后裙片（正面）

5. 锁缝裙子下摆和上边沿

①锁缝缝份边沿
（背面）
②折叠缝份

③压缝明线　④锁缝布边
0.7
（正面）

6. 缝合衣身和裙子

前裙片（背面）
背部衣身（正面）
袖子（正面）
③用大头针均匀固定
对折线
罗纹下摆
后裙片（背面）
①将衣身的侧缝和裙子的前边沿对齐，正面相对
腹部衣身（背面）
②将衣身和裙子的背部中心对齐
④缝合，使缝份倒向衣身

71

J 连衣裤

与实物等大的纸样 第3面〈J〉–1腹部衣身、2背部衣身、3袖子、4罗纹领子、5罗纹袖口、6罗纹下摆、7裤子、8拼腰、9衣兜

彩图 p.16

材料

- 反向提花针织面料(獵狗图案)150 cm宽
- 超弹力牛仔布料120 cm宽
- 20s氨纶罗纹布料(蓝色)45 cm宽
- 宽1.2 cm的针织布料用防拉伸衬条
- 宽11 mm的针织包边带(深蓝色)

※ 牛仔布料压缝明线用的上线,请使用#30的线。

尺码

单位:cm

	XXS~M	L/XL	TS~TXL	SM/SL	RM/RL
反向提花针织面料(150 cm宽)	35	35	40	45	55
超弹力牛仔布料(120 cm宽)	40	45	45	50	80
20s氨纶罗纹布料(45 cm宽)	20	20	20	20	30
防拉伸衬条	45	55	50	60	70
针织包边带	100	110	110	130	180

准备 在腹部衣身和背部衣身的领口处,将防拉伸衬条粘贴在缝纫线上面。处理衣兜、裤腿下摆的布边(请参考裁剪图)。用熨斗将罗纹领子、罗纹袖口、罗纹下摆折一折。为了不让罗纹布料拉伸,要从上面轻轻摁着熨烫。

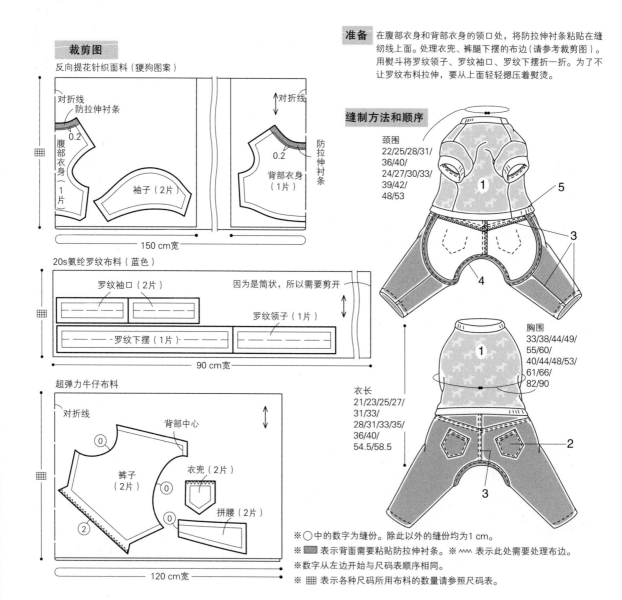

裁剪图

反向提花针织面料(獵狗图案)

对折线
防拉伸衬条
0.2
腹部衣身(1片)
袖子(2片)
对折线
背部衣身(1片)
防拉伸衬条
0.2
150 cm宽

20s氨纶罗纹布料(蓝色)

罗纹袖口(2片)
因为是筒状,所以需要剪开
罗纹领子(1片)
罗纹下摆(1片)
90 cm宽

超弹力牛仔布料

对折线
背部中心
裤子(2片)
衣兜(2片)
拼腰(2片)
120 cm宽

缝制方法和顺序

颈围
22/25/28/31/36/40/
24/27/30/33/39/42/
48/53

衣长
21/23/25/27/31/33/
28/31/33/35/36/40/
54.5/58.5

胸围
33/38/44/49/55/60/
40/44/48/53/61/66/
82/90

※ ○中的数字为缝份。除此以外的缝份均为1 cm。
※ ▨ 表示背面需要粘贴防拉伸衬条。※ ∧∧∧ 表示此处需要处理布边。
※数字从左边开始与尺码表顺序相同。
※ ⊞ 表示各种尺码所用布料的数量请参照尺码表。

1. 缝制衣身 （请参照p.68 T恤衫的制作方法）

2. 缝上衣兜

① 将衣兜口的缝份折一折后压缝明线

0.2 0.8

衣兜（背面）

② 折叠缝份

裤子（正面）

回针缝

回针缝

0.2

衣兜（正面）

③ 将衣兜缝到要缝的位置

※ 另一侧也采取同样的方法缝制。

3. 缝制裤子

① 将拼腰正面相对对齐后缝合

拼腰（背面）

裤子（正面）

② 将2层缝份对齐后锁缝，使缝份倒向裤子

0.2 0.8

拼腰（正面）

③ 压缝明线

裤子（正面）

④ 将下摆折一折后缝合

裤子（背面）

1.5

⑤ 另一侧也左右对称着缝制

⑥ 将左右裤子正面相对对齐后缝合

拼腰（背面）

裤子（背面）

⑦ 将2层缝份对齐后锁缝，使缝份倒向左侧

裤子（正面）

⑧ 压缝明线

拼腰（正面）

0.8
0.2

裤子（正面）

⑨ 将下裆正面相对对齐后缝合

（正面）

裤子（背面）

⑩ 将2层缝份对齐后锁缝，使缝份倒向内侧

裤子（背面）

0.5

⑪ 加固缝纫

4. 包缝裤子的入腿口

② 锁缝布边

背部中心

裤子（背面）

针织包边带（正面）

① 用针织包边带包缝裤子入腿口的布边（请参照p.43的步骤2）

5. 缝合衣身和裤子

将衣身和裤子的对接记号●合到一起，正面相对重叠起来，用大头针固定好之后再进行缝合（请参照p.71的步骤6）。

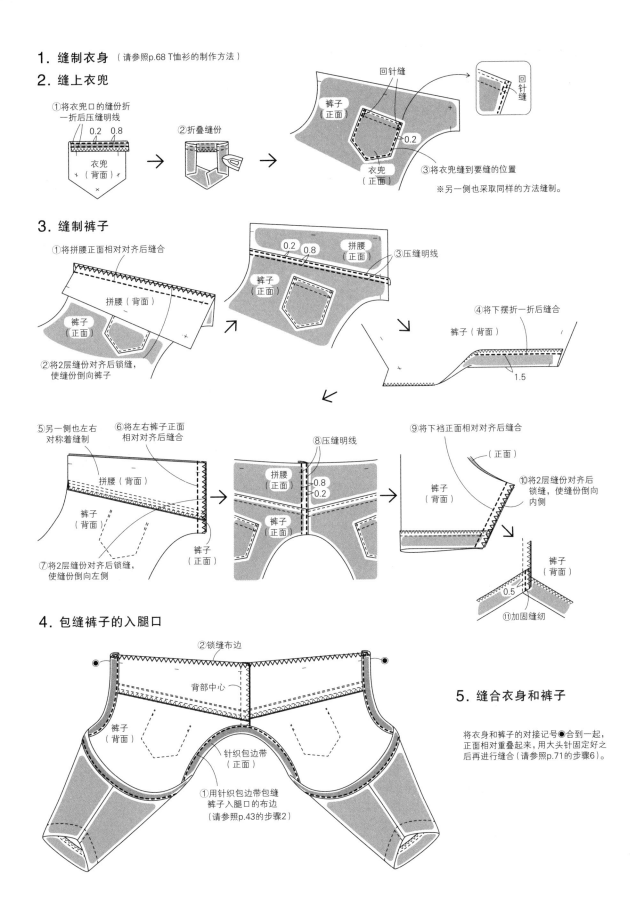

M 夏威夷风衬衫

与实物等大的纸样 第2面〈M〉–1腹部衣身、2背部衣身、3袖子、4领子、5衣兜

彩图 p.20

材料

- 纯棉布料（Charming–flamingo）110 cm宽
- 黏合衬
- 直径11.5 mm的扣子 XXS～XL码…5个、TS～RL码…6个
- 直径1 cm的按扣…1组
- 宽2.5 cm的魔术贴粘扣（粉红色）

尺码

单位：cm

	XXS~M	L/XL	TS~TXL	SM/SL	RM/RL
纯棉布料（110 cm宽）	60	70	65	85	145
黏合衬	45×40	45×50	45×50	60×55	60×65

单位：cm

	XXS	XS	S	M	L	XL	TS	TM	TL	TXL	SM	SL	RM	RL
魔术贴粘扣	7.5	9	9	10.5	9	10.5	10	10	12	12	16	18	24	26

※XXS～XL码的分为3等份，TS～RL码的分为4等份。

裁剪图

纯棉布料（Charming–flamingo）

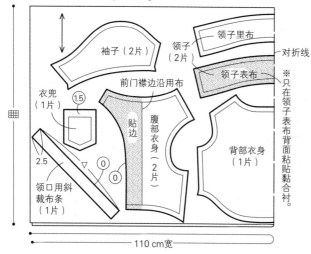

▽ = 17.7/19.3/23/24.6/26.7/28.3/21.7/23.3/24.8/26.3/
31.5/33/35/36.5

※○中的数字为缝份。除此以外的缝份均为1 cm。
※▨ 表示背面需要粘贴黏合衬。
※数字从左边开始与尺码表顺序相同。
※囲 表示各种尺码所用布料的数量请参照尺码表。

准备 在腹部衣身的贴边部分、领子表布背面需要粘贴黏合衬（请参考裁剪图）。

缝制方法和顺序

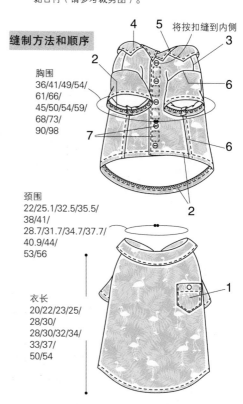

胸围
36/41/49/54/
61/66/
45/50/54/59/
68/73/
90/98

颈围
22/25.1/32.5/35.5/
38/41/
28.7/31.7/34.7/37.7/
40.9/44/
53/56

衣长
20/22/23/25/
28/30/
28/30/32/34/
33/37/
50/54

1. 制作衣兜，并缝上衣兜

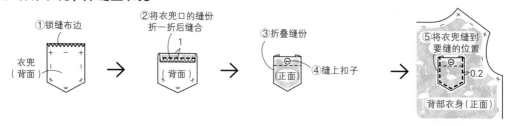

2. 锁缝衣身的下摆和袖口

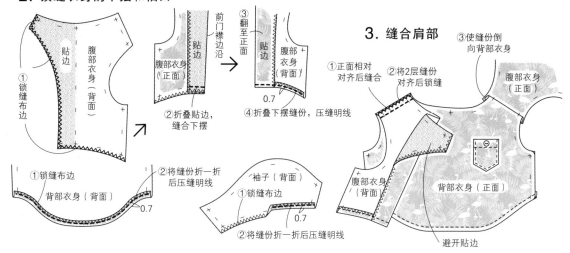

3. 缝合肩部

4. 缝制领子（请参照p.49的步骤6-1~3）

5. 缝上领子

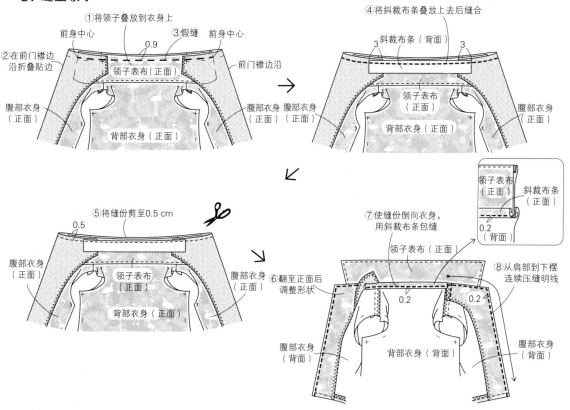

6. 缝上袖子，从袖下缝合侧缝（请参照p.50的步骤7）

7. 缝上魔术贴粘扣、扣子、按扣（请参照p.51的步骤8-1~3）

※按扣要缝在最上面的扣子的内侧（左腹部衣身上缝公扣，右腹部衣身上缝母扣）。

N 外套

彩图 p.22

与实物等大的纸样 第 4 面〈N〉–1 背部衣身、2 贴边、3 领子表布、4 领子里布、5 装饰腰襻

材料

- 摇粒绒（方格花纹）140 cm 宽
- 北极绒（驼色）145 cm 宽
- 100/2 绒棉布（米色）109 cm 宽
- 黏合衬
- 直径 1.5 cm 的扣子…2 个
- 宽 2.5 cm 的魔术贴粘扣（浅茶色）

单位：cm

尺码

	XXS~M	L/XL	TS~TXL	SM/SL	RM/RL
摇粒绒（140 cm 宽）	50	60	60	70	90
北极绒（145 cm 宽）	20	25	20	30	35
100/2 绒棉布（109 cm 宽）	45	55	55	60	85
黏合衬	35×40	40×45	45×45	50×60	55×70
魔术贴粘扣	13.5	15.5	15	19.5	25

单位：cm

＜裁剪尺寸＞

	XXS	XS	S	M	L	XL	TS	TM	TL	TXL	SM	SL	RM	RL
魔术贴粘扣●（颈部）	4.1	4.5	5	5.5	5.5	6	5	5.5	6	5	5	5.5	6.5	7
魔术贴粘扣▲（腰带）	6.5	7	7.5	8	9	9.5	7	7.5	8	8.5	13.5	14	17	18

裁剪图

摇粒绒（方格花纹）

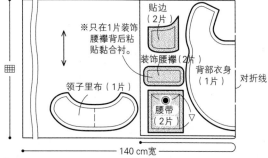

※ 只在 1 片装饰腰襻背后粘贴黏合衬。

贴边（2 片）

装饰腰襻（2 片）

领子里布（1 片）

背部衣身（1 片）

对折线

腰带（2 片）

140 cm 宽

● ＝ 8/10/10/10/12/12/11/12/12/12/14/14/19/19
▽ ＝ 9.7/10.5/11.4/12/14/14.8/10.7/11.7/12.2/12.8/20.5/21.2/24/25

100/2 绒棉布（米色）

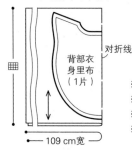

背部衣身里布（1 片）

对折线

109 cm 宽

※ 缝份均为 1 cm。

※ ▨ 表示背面需要粘贴黏合衬。

※ 数字从左边开始与尺码顺序相同。

※ ⊞ 表示各种尺码所用布料的数量请参照尺码表。

北极绒（驼色）

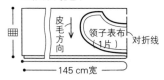

皮毛方向

领子表布（1 片）

对折线

145 cm 宽

准备 在贴边、装饰腰襻、腰带背面需要粘贴黏合衬（请参考裁剪图）。

缝制方法和顺序

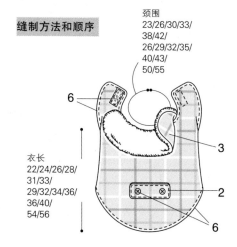

颈围
23/26/30/33/
38/42/
26/29/32/35/
40/43/
50/55

衣长
22/24/26/28/
31/33/
29/32/34/36/
36/40/
54/56

6

3

2

6

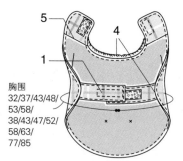

5

4

1

胸围
32/37/43/48/
53/58/
38/43/47/52/
58/63/
77/85

76

1. 制作腰带

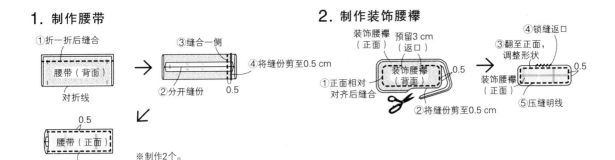

①折一折后缝合

腰带（背面）

对折线

↓

③缝合一侧

②分开缝份

0.5

④将缝份剪至0.5 cm

0.5

腰带（正面）

⑤翻至正面，压缝明线

※制作2个。

2. 制作装饰腰襻

装饰腰襻（正面）

预留3 cm（返口）

装饰腰襻（背面）

①正面相对对齐后缝合

②将缝份剪至0.5 cm

0.5

④锁缝返口

③翻至正面，调整形状

装饰腰襻（正面）

⑤压缝明线

0.5

3. 制作领子

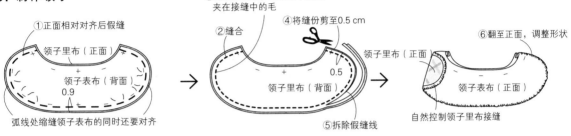

①正面相对对齐后假缝

领子里布（正面）

领子表布（背面）

0.9

弧线处缩缝领子表布的同时还要对齐

②缝合

③翻至正面后，要用锥子挑出夹在接缝中的毛

④将缝份剪至0.5 cm

领子里布（背面）

0.5

⑤拆除假缝线

⑥翻至正面，调整形状

领子里布（正面）

领子表布（正面）

自然控制领子里布接缝

4. 将领子和腰带假缝到背部衣身上

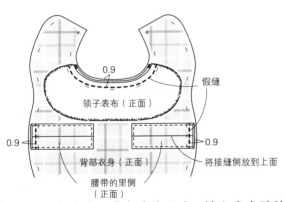

0.9

领子表布（正面）

假缝

0.9

0.9

背部衣身（正面）

将接缝侧放到上面

腰带的里侧（正面）

5. 给背部衣身里布缝上贴边

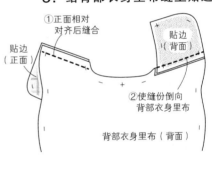

①正面相对对齐后缝合

贴边（正面）

贴边（背面）

②使缝份倒向背部衣身里布

背部衣身里布（背面）

6. 缝合背部衣身和背部衣身里布，缝上魔术贴粘扣和装饰腰襻

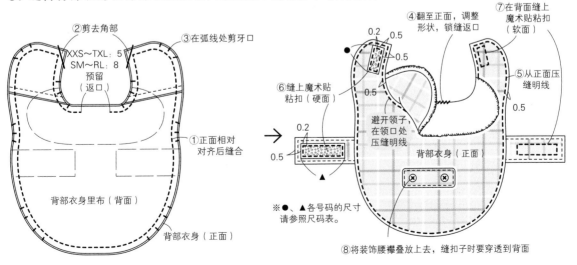

②剪去角部

③在弧线处剪牙口

XXS～TXL：5
SM～RL：8
预留（返口）

①正面相对对齐后缝合

背部衣身里布（背面）

背部衣身（正面）

④翻至正面，调整形状，锁缝返口

0.2 0.5
0.5

⑦在背面缝上魔术贴粘扣（软面）

⑥缝上魔术贴粘扣（硬面）

0.5

⑤从正面压缝明线

0.5

避开领子，在领口处压缝明线

背部衣身（正面）

0.2
0.5

※●、▲各号码的尺寸请参照尺码表。

⑧将装饰腰襻叠放上去，缝扣子时要穿透到背面

O 绗缝外套

与实物等大的纸样 第4面〈O〉−1背部衣身、2贴边、3领子

彩图 p.24

材 料

- 软尼龙面羽绒芯绗缝面料（橄榄绿色）105 cm宽
- 100/2细平纹布（土黄色）109 cm宽
- 黏合衬
- 宽1.5 cm的灯芯绒斜裁布条（苔藓绿色）
- 直径1.5 cm的气眼扣…2组
- 宽2.5 cm的魔术贴粘扣（深咖啡色）

单位：cm

尺 码

	XXS~M	L/XL	TS~TXL	SM/SL	RM/RL
软尼龙面羽绒芯绗缝面料（105 cm宽）	55	60	60	70	90
100/2细平纹布（109 cm宽）	45	50	55	60	95
斜裁布条	230	270	260	310	400
黏合衬	55×20	65×20	60×20	50×20	80×30
魔术贴粘扣	13.5	15.5	15	19.5	25

单位：cm

<裁剪尺寸>	XXS	XS	S	M	L	XL	TS	TM	TL	TXL	SM	SL	RM	RL
魔术贴粘扣●（颈部）	4.1	4.5	5	5.5	5.5	6	5.5	5.5	6	6.5	5	5.5	6.5	7
魔术贴粘扣▲（腰带）	6.5	7	7.5	8	9	9.5	7	7.5	8	8.5	13.5	14	17	18

准备 在领子表布、兜盖背面需要粘贴黏合衬。使用绗缝布料的部件，为了不绽线需要处理布边（请参考裁剪图）。

裁剪图

软尼龙面羽绒芯绗缝面料（橄榄绿色）

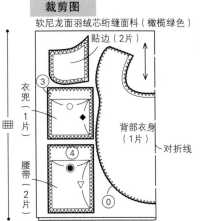

贴边（2片）
衣兜（1片）③
腰带（2片）④
背部衣身（1片）
对折线
105 cm宽

100/2细平纹布（土黄色）

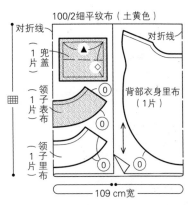

对折线
兜盖（1片）
领子表布（1片）
领子里布（1片）
对折线
背部衣身里布（1片）
109 cm宽

○ = 7/8/9/10/10.8/10.8/8.3/9.3/10.3/10.3/11.3/12.3/15/16

◆ = 6.5/7.5/8.5/9.5/10/10/8.2/9.2/10/10/12/13/15/16

● = 8/10/10/10/12/12/11/12/12/12/14/14/19/19
▽ = 9.7/10.5/11.4/12/14/14.8/10.7/11.7/12.2/12.8/20.5/21.2/24/25

▲ = 7.4/8.4/9.4/10.4/11.4/11.4/8.8/9.8/10.8/10.8/11.8/12.8/15.8/16.8
◇ = 6.8/7.4/8/8.5/9.5/9.5/8.4/9/9.6/9.6/12.2/12.2/14.6/15.6

※○中的数字为缝份。除此以外的缝份均为1cm。
※▨表示背面需要粘贴黏合衬。
※ ∧∧∧ 表示此处需要处理布边。
※数字从左边开始与尺码表顺序相同。
※⊞表示各种尺码所用布料的数量请参照尺码表。

缝制方法和顺序

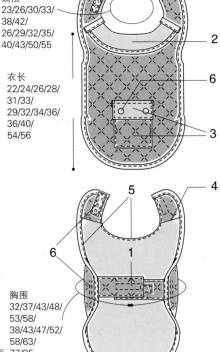

颈围
23/26/30/33/38/42/26/29/32/35/40/43/50/55

衣长
22/24/26/28/31/33/29/32/34/36/36/40/54/56

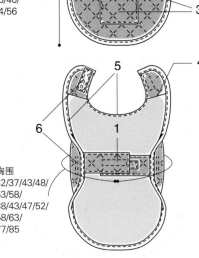

胸围
32/37/43/48/53/58/38/43/47/52/58/63/77/85

1. 制作腰带（请参照p.77的步骤1）

2. 制作领子

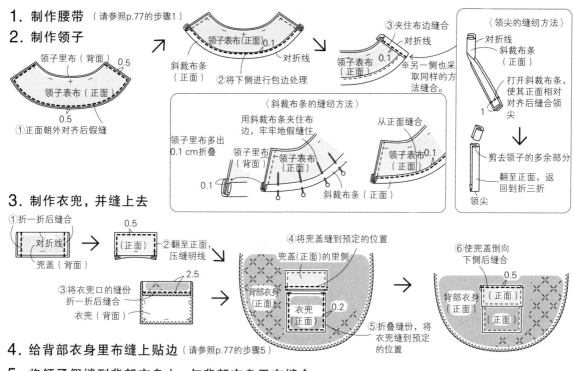

领子里布（背面）　0.5
＋
领子表布（正面）
0.5
①正面朝外对齐后假缝

斜裁布条（正面）
领子表布（正面）0.1　对折线
②将下侧进行包边处理

③夹住布边缝合　对折线
领子表布（正面）0.1
※另一侧也采取同样的方法缝合。

〈斜裁布条的缝纫方法〉
用斜裁布条夹住布边，牢牢地假缝住
领子里布多出0.1 cm折叠
领子里布（背面）　领子表布（正面）
0.1
从正面缝合
领子表布0.1
领子里布（背面）
斜裁布条（正面）

〈领尖的缝纫方法〉
对折线　斜裁布条（正面）
打开斜裁布条，使其正面相对对齐后缝合领尖
1
剪去领子的多余部分
翻至正面，返回到折三折
领尖

3. 制作衣兜，并缝上去

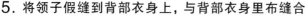

①折一折后缝合
对折线
兜盖（背面）

0.5
②翻至正面，压缝明线
（正面）

③将衣兜口的缝份折一折后缝合
2.5
衣兜（背面）

④将兜盖缝到预定的位置
兜盖（正面）的里侧
背部衣身（正面）
衣兜（正面）0.2
⑤折叠缝份，将衣兜缝到预定的位置

⑥使兜盖倒向下侧后缝合
0.5
（正面）
（正面）

4. 给背部衣身里布缝上贴边（请参照p.77的步骤5）

5. 将领子假缝到背部衣身上，与背部衣身里布缝合

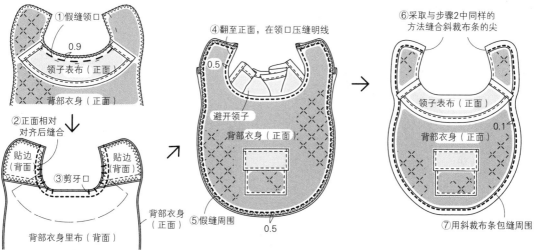

①假缝领口
0.9
领子表布（正面）
背部衣身（正面）

②正面相对对齐后缝合
贴边（背面）　贴边（背面）
③剪牙口
背部衣身里布（背面）
背部衣身（正面）

④翻至正面，在领口压缝明线
0.5
避开领子
背部衣身（正面）
⑤假缝周围
0.5

⑥采取与步骤2中同样的方法缝合斜裁布条的尖
领子表布（正面）
0.1
背部衣身（正面）
⑦用斜裁布条包缝周围

6. 缝上腰带、魔术贴粘扣和气眼扣

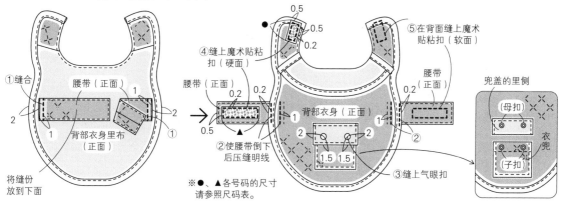

①缝合
腰带（正面）1
2　　2
1
背部衣身里布（正面）
将缝份放到下面

0.5
0.5
0.2
④缝上魔术贴粘扣（硬面）
腰带（正面）0.2
0.5　0.2
②使腰带倒下后压缝明线　▲
背部衣身（正面）
1　　1
2　2
1.5 1.5
③缝上气眼扣
⑤在背面缝上魔术贴粘扣（软面）
腰带（正面）0.2

※●、▲各号码的尺寸请参照尺码表。

兜盖的里侧
（母扣）
衣兜
（子扣）

P 双排扣毛呢外套

彩图 p.26

与实物等大的纸样

第1面〈P〉-1腹部衣身、4贴边、5领子、6兜盖、7袖襻
第3面〈P〉-2背部衣身、3袖子

材料

- 超小型摇粒绒面料（藏青色）147 cm宽
- 纯棉布料（条纹）
- 黏合衬
- 扣子　XXS ~ XL 码 / TS ~ TXL 码…8个、SM ~ RL 码…10个
- 宽2.5 cm的魔术贴粘扣（藏青色）
- 宽1 cm的针织布料用防拉伸衬条

尺码

单位: cm

	XXS~M	L/XL	TS~TXL	SM/SL	RM/RL
超小型摇粒绒面料(147 cm宽)	45	55	55	70	120
纯棉布料	30×30	30×30	30×30	35×35	40×40
黏合衬	70×40	80×50	80×45	80×55	100×70
防拉伸衬条	25	30	35	35	45

单位: cm

	XXS	XS	S	M	L	XL	TS	TM	TL	TXL	SM	SL	RM	RL
扣子大小（直径）	1.3	1.3	1.5	1.5	1.8	1.8	1.8	1.8	1.8	1.8	1.8	1.8	2	2
魔术贴粘扣（裁剪尺寸）	9.3	10.8	10.8	10.8	18	18	15	18	18	18	28	28	30.4	30.4

※魔术贴粘扣XXS ~ XL码的分为3等份、TS ~ RL码的分为4等份。

裁剪图

超小型摇粒绒面料（藏青色）

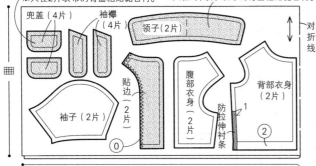

※只在2片表布的背面粘贴黏合衬。

※只在1片领子表布的背面粘贴黏合衬。

兜盖（4片）
袖襻（4片）
领子（2片）
贴边（2片）
腹部衣身（2片）
防拉伸衬条
背部衣身（2片）
袖子（2片）

对折线

147 cm宽

纯棉布料（条纹）

领口用斜裁布条（1片）

2.5
45°

◉ = 18.7/20.2/21.8/23.3/25.6/27.7/
19.7/21.2/22.7/24.2/30.8/32.7/32/34.7

准备

需要在贴边、领子表布、袖襻、兜盖表布背面粘贴黏合衬。
需要在背部衣身的侧缝处粘贴防拉伸衬条。
需要锁缝贴边的肩部和布边（请参考裁剪图）。

缝制方法和顺序

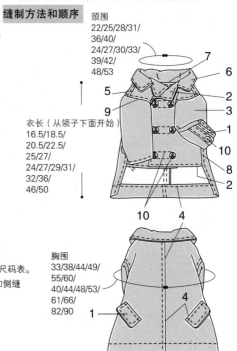

颈围
22/25/28/31/
36/40/
24/27/30/33/
39/42/
48/53/

衣长（从领子下面开始）
16.5/18.5/
20.5/22.5/
25/27/
24/27/29/31/
32/36/
46/50/

胸围
33/38/44/49/
55/60/
40/44/48/53/
61/66/
82/90/

※〇 中的数字为缝份。除此以外的缝份均为1 cm。

※▨ 表示背面需要粘贴黏合衬。

※▩ 表示背面需要粘贴防拉伸衬条。

※∿ 表示此处需要处理布边。

※数字从左边开始与尺码表顺序相同。

※⊞ 表示各种尺码所用布料的数量请参照尺码表。

※使用针织布料制作的话，需要处理袖下和侧缝等处的缝份，以防绽线。

1. 制作兜盖和袖襻

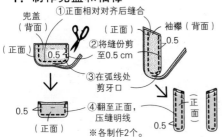

兜盖（背面）
①正面相对对齐后缝合
②将缝份剪至0.5 cm
③在弧线处剪牙口
④翻至正面，压缝明线
※各制作2个。

袖襻（背面）
0.5
0.5
（正面）

2. 给腹部衣身缝上贴边

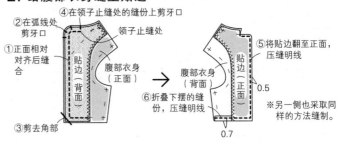

②在弧线处剪牙口
④在领子止缝处的缝份上剪牙口
领子止缝处
①正面相对对齐后缝合
贴边（背面）
腹部衣身（正面）
③剪去角部

⑤将贴边翻至正面，压缝明线
0.5
腹部衣身（背面）
贴边（正面）
⑥折叠下摆的缝份，压缝明线
0.7
※另一侧也采取同样的方法缝制。

3. 缝制袖子

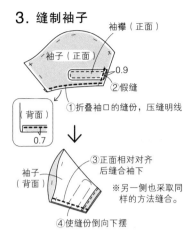

袖襻（正面）
袖子（正面）
0.9
②假缝
①折叠袖口的缝份，压缩缝明线
（背面）
0.7

袖子（背面）
③正面相对对齐后缝合袖下
※另一侧也采取同样的方法缝合。
④使缝份倒向下摆

4. 缝上兜盖，缝合背部衣身的背部中心

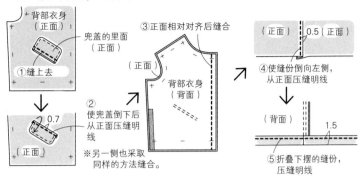

背部衣身（正面）
兜盖的里面（正面）
①缝上去
②
0.7
（正面）
②使兜盖倒向下后从正面压缝明线
※另一侧也采取同样的方法缝合。

③正面相对对齐后缝合
（正面）
背部衣身（背面）

（正面）　0.5（正面）
④使缝份倒向左侧，从正面压缝明线
（背面）
1.5
⑤折叠下摆的缝份，压缝明线

5. 缝合肩部

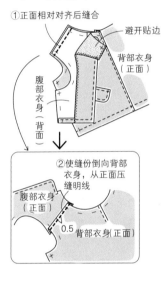

①正面相对对齐后缝合
避开贴边
背部衣身（正面）
腹部衣身（背面）
②使缝份倒向背部衣身，从正面压缝明线
腹部衣身（正面）
0.5
背部衣身（正面）

6. 制作领子（请参照p.49的步骤6-1~3）
※但是，要在距领子边沿0.5cm处压缝明线。

7. 缝上领子

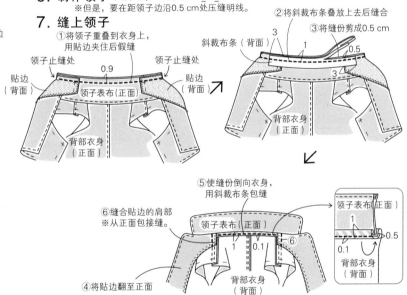

①将领子重叠到衣身上，用贴边夹住后假缝
领子止缝处　　　领子止缝处
贴边（背面）　　0.9　　贴边（背面）
领子表布（正面）
背部衣身（正面）

②将斜裁布条叠放上去后缝合
③将缝份剪成0.5cm
斜裁布条（背面）
3　　1
0.5
3
背部衣身（正面）

⑤使缝份倒向衣身，用斜裁布条包缝
⑥缝合贴边的肩部
※从正面包接缝。
领子表布（正面）
1　0.1　⑥
④将贴边翻至正面
背部衣身（背面）

领子表布（正面）
1
0.5
背部衣身（背面）

8. 缝合侧缝

①正面相对对齐后缝合
背部衣身（背面）
贴边（正面）
0.5
下摆
②使缝份倒向背部衣身，压缝明线一直到下摆

9. 缝上袖子

①正面相对对齐后缝合
袖子（背面）
背部衣身（背面）
腹部衣身（背面）

肩部
△
0.5
○
背部衣身（背面）
腹部衣身（正面）
袖子（正面）
②使缝份倒向衣身，从正面在袖隆上压缝明线

○ = 3.5/4/4.5/5/5.5/6/4/4.5/5/5.5/5/5.5/6.5/7
△ = 7/7.5/8/8.5/9/10/7/7.5/8/8.5/11/11.5/15.5/16.5

10. 缝上魔术贴粘扣和扣子

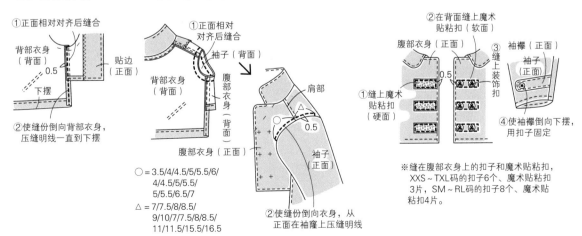

②在背面缝上魔术贴粘扣（软面）
腹部衣身（正面）
0.5
①缝上魔术贴粘扣（硬面）
③缝上装饰扣
袖襻（正面）
袖子（正面）
④使袖襻倒向下摆，用扣子固定

※缝在腹部衣身上的扣子和魔术贴粘扣，XXS~TXL码的扣子6个、魔术贴粘扣3片，SM~RL码的扣子8个、魔术贴粘扣4片。

Q 披肩

与实物等大的纸样　第1面〈Q〉−1衣身、2领子表布、3领子里布、4领襟

彩图 p.28

材料

- 毛皮面料（白色）120 cm 宽
- 100/2 细平纹布（米白色）109 cm 宽
- 黏合衬
- 魔术贴粘扣（白色）
- 毛线（米白色）…适量
- 硬纸板…适量
- 手缝线…适量

单位：cm

尺码

	XXS	XS	S	M	L
毛皮面料（120 cm宽）	30	30	35	40	75
100/2细平纹布（109 cm宽）	30	30	35	40	75
魔术贴粘扣	1.5×3	2×3.5	2×3.5	2.5×4.5	2.5×5

裁剪图

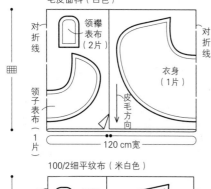

毛皮面料（白色）

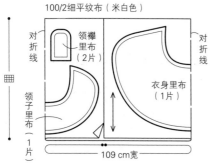

100/2细平纹布（米白色）

※缝份均为1 cm。
※数字从左边开始与尺码表顺序相同。
※ ⊞ 表示各种尺码所用布料的数量请参照尺码表。

缝制方法和顺序

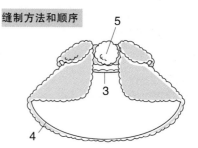

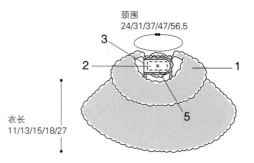

颈围
24/31/37/47/56.5

衣长
11/13/15/18/27

※尺码在颈围中选择。

1. 缝制领子

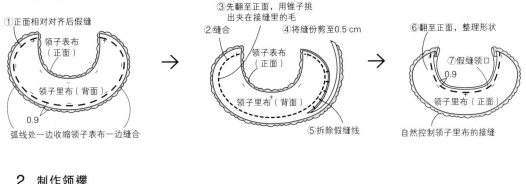

①正面相对对齐后假缝

领子表布（正面）

领子里布（背面）

0.9

弧线处一边收缩领子表布一边缝合

③先翻至正面，用锥子挑出夹在接缝里的毛

②缝合

④将缝份剪至0.5 cm

领子表布（正面）

领子里布（背面）

⑤拆除假缝线

⑥翻至正面，整理形状

⑦假缝领口

0.9

领子里布（正面）

自然控制领子里布的接缝

2. 制作领襻

领襻表布（正面）

领襻里布（背面）

①正面相对对齐后缝合

②将缝份剪至0.5 cm

领襻表布（正面）

领襻里布（背面）

0.5

③翻至正面，整理形状

领襻表布（正面）

※制作2个。

3. 将领子和领襻假缝到衣身上

领襻里布（正面）0.9

假缝领子

领襻里布（正面）0.9

0.9

领襻表布（正面）

衣身（正面）

避开领子

假缝 0.9

领子里布（正面）

领襻里布（正面）

衣身（正面）

4. 缝合衣身和衣身里布

①正面相对对齐后缝合

②剪去角部

衣身（正面）

XXS～S：5
M～L：8
预留
（返口）

衣身里布（背面）

③弧线处剪牙口

5. 翻至正面，缝上魔术贴粘扣和毛绒球

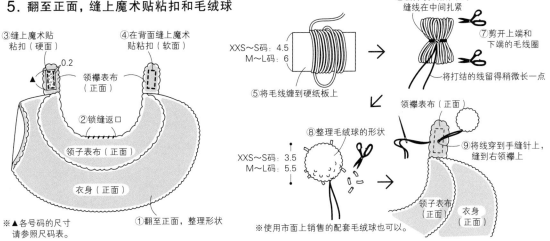

③缝上魔术贴粘扣（硬面）

0.2

④在背面缝上魔术贴粘扣（软面）

领襻表布（正面）

②锁缝返口

领子表布（正面）

衣身（正面）

①翻至正面，整理形状

※▲各号码的尺寸请参照尺码表。

XXS～S码：4.5
M～L码：6

⑤将毛线缠到硬纸板上

⑥去掉硬纸板，用手缝线在中间扎紧

⑦剪开上端和下端的毛线圈

将打结的线留得稍微长一点

⑧整理毛球球的形状

XXS～S码：3.5
M～L码：5.5

领襻表布（正面）

⑨将线穿到手缝针上，缝到右领襻上

领子表布（正面）

衣身（正面）

※使用市面上销售的配套毛绒球也可以。

T 百褶连衣裙

与实物等大的纸样 第4面〈T〉−1背部衣身、2贴边、3领子表布、4领子里布

彩图 p.31

材料

- 棉斜纹布（茶色）110 cm宽
- T/R彩色方格布料145 cm宽
- 纯棉布料（茶色）110 cm宽
- 黏合衬
- 宽2.5 cm的魔术贴粘扣（深茶色）
- 徽章…1枚

尺码

单位：cm

	XXS~M	L/XL	TS~TXL	SM/SL	RM/RL
棉斜纹布（110 cm宽）	50	60	60	70	90
T/R彩色方格布料（145 cm宽）	20	25	25	30	45
纯棉布料（110 cm宽）	45	50	55	60	80
黏合衬	45×40	50×45	55×40	60×55	70×65
魔术贴粘扣	13.5	15.5	15	19.5	25

＜裁剪尺寸＞

单位：cm

	XXS	XS	S	M	L	XL	TS	TM	TL	TXL	SM	SL	RM	RL
魔术贴粘扣●（颈部）	4.1	4.5	5	5.5	5.5	6	5	5.5	6	6.5	5	5.5	6.5	7
魔术贴粘扣▲（腰带）	6.5	7	7.5	8	9	9.5	7	7.5	8	8.5	13.5	14	17	18

准备

需要在贴边、腰带、领子表布的背面粘贴黏合衬（请参考裁剪图）。

缝制方法和顺序

裁剪图

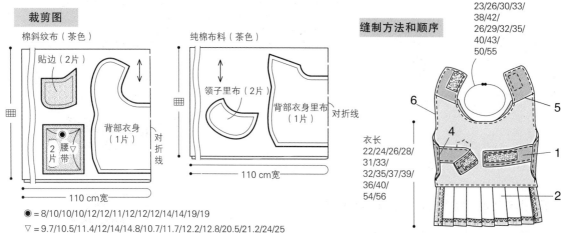

棉斜纹布（茶色）

贴边（2片）

腰带 2片

背部衣身（1片）

对折线

110 cm宽

纯棉布料（茶色）

领子里布（2片）

背部衣身里布（1片）

对折线

110 cm宽

◉ = 8/10/10/10/12/12/11/12/12/12/14/14/19/19

▽ = 9.7/10.5/11.4/12/14/14.8/10.7/11.7/12.2/12.8/20.5/21.2/24/25

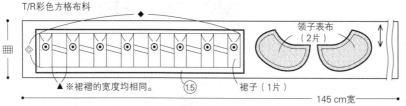

T/R彩色方格布料

※裙褶的宽度均相同。

(1.5)

裙子（1片）

领子表布（2片）

145 cm宽

◇ = 7.6/8.3/9/9.7/10/10.5/11.5/12.5/13/13.5/11.5/13/18.3/19

◆ = 41/51.2/55.2/58.4/70/73/52.8/56/58.4/61.6/80.5/83.8/94.4/99.2

⊙ = 2.5/2.9/3.4/3.8/3.4/3.7/3.1/3.5/3.8/4.2/3/3.3/4.2/4.6

▲ = 3/4/4/4/4/4/4/4/4/4/4/4/4/4

※ ○中的数字为缝份。除此以外的缝份均为1 cm。

※ 表示背面需要粘贴黏合衬。

※裙褶的数量根据尺码的不同而不同。

※数字从左边开始与尺码表顺序相同。

※ 表示各种尺码所用布料的数量请参照尺码表。

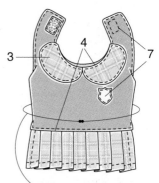

颈围
23/26/30/33/
38/42/
26/29/32/35/
40/43/
50/55

衣长
22/24/26/28/
31/33/
32/35/37/39/
36/40/
54/56

胸围
32/37/43/48/53/58/
38/43/47/52/
58/63/77/85

1. 制作腰带 （请参照p.77的步骤1）

2. 制作裙子

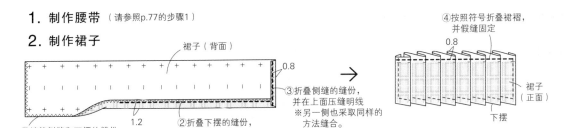

裙子（背面）

0.8

①锁缝侧缝和下摆的缝份

1.2

②折叠下摆的缝份，并在上面压缝明线

③折叠侧缝的缝份，并在上面压缝明线
※另一侧也采取同样的方法缝合。

④按照符号折叠裙褶，并假缝固定

0.8

裙子（正面）

下摆

3. 制作领子

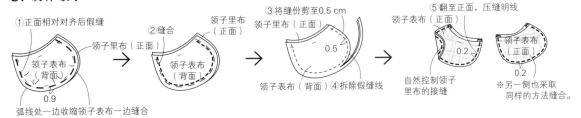

①正面相对对齐后假缝

领子里布（正面）

领子表布（背面）

0.9

弧线处一边收缩领子表布一边缝合

②缝合

领子表布（背面）

③将缝份剪至0.5 cm

领子里布（正面）

0.5

领子表布（背面）④拆除假缝线

自然控制领子里布的接缝

⑤翻至正面，压缝明线

领子表布（正面）

0.2

领子表布（正面）

0.2

※另一侧也采取同样的方法缝合。

4. 将领子、腰带和裙子假缝到背部衣身上

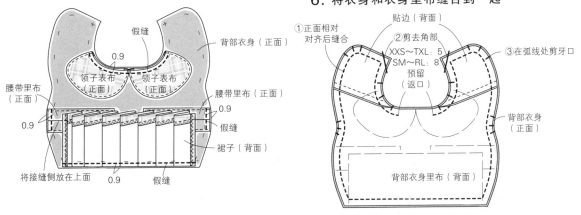

假缝

0.9

领子表布（正面） 领子表布（正面）

背部衣身（正面）

腰带里布（正面）

0.9

0.9

将接缝侧放在上面

0.9

假缝

裙子（背面）

假缝

腰带里布（正面）

0.9

假缝

5. 将贴边缝到衣身里布上 （请参照p.77的步骤5）

6. 将衣身和衣身里布缝合到一起

贴边（背面）

①正面相对对齐后缝合

②剪去角部
XXS~TXL：5
SM~RL：8
预留
（返口）

③在弧线处剪牙口

背部衣身（正面）

背部衣身里布（背面）

7. 翻至正面，缝上魔术贴粘扣和徽章

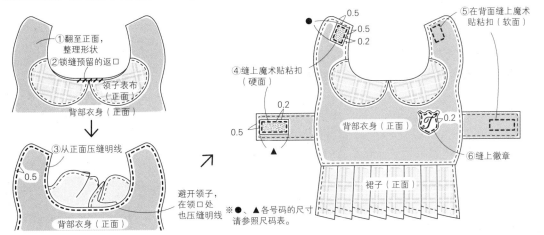

①翻至正面，整理形状

②锁缝预留的返口

领子表布（正面）

背部衣身（正面）

③从正面压缝明线

0.5

背部衣身（正面）

避开领子，在领口处也压缝明线

● 0.5

0.5
0.2

④缝上魔术贴粘扣（硬面）

0.2

0.5

⑤在背面缝上魔术贴粘扣（软面）

背部衣身（正面）

⑥缝上徽章

0.2

▲

裙子（正面）

※●、▲各号码的尺寸请参照尺码表。

S 雨衣

彩图 p.30

与实物等大的纸样 第4面〈S〉-1背部衣身、2风帽、3贴边、4装饰盖、5腰带、6牵狗绳穿孔用布

材 料

- 防水尼龙布料（蓝色）117 cm宽
- 黏合衬
- 宽 1 cm 的荧光带（银色）
- 宽 3 cm 的荧光带（银色）
- 宽 1 cm 的防水尼龙面料的斜裁布条（蓝色）
- 宽 2.5 cm 的魔术贴粘扣（黑色）

尺 码

单位：cm

	XXS~M	L/XL	TS~TXL	SM/SL	RM/RL
防水尼龙布料（117 cm宽）	55	70	75	80	130
黏合衬	6×8	6×8	6×8	6×10	6×10
斜裁布条	430	485	485	540	745
宽1 cm的荧光带	50	55	55	65	75
宽3 cm的荧光带	30	35	40	45	45
魔术贴粘扣	16	18	17	33.5	43

单位：cm

<裁剪尺寸>

	XXS	XS	S	M	L	XL	TS	TM	TL	TXL	SM	SL	RM	RL
魔术贴粘扣●（颈部）	4	4.5	5	5.5	5.5	5.5	5	5	5.5	5.5	6.5	6.5	9	9
魔术贴粘扣▲（腰带）	7	8	9	10	11.5	12	9	9.5	10.5	11.5	12.5	13.5	15.5	17

※SM~RL码的腰带用魔术贴粘扣，请按照上面标记的长度准备2份。

裁剪图

防水尼龙布料（蓝色）

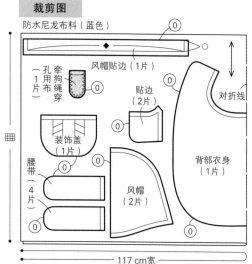

○ = 2.5（XXS~TXL）
3（SM~RL）

◆ = 30.1/35.1/40.1/42.1/46/47/
38.4/40.8/43.2/44.2/
55.6/57.6/
65.1/67.1

风帽贴边（1片）
牵狗绳穿孔用布 1片
贴边（2片）
对折线
装饰盖（1片）
腰带（4片）
风帽（2片）
背部衣身（1片）

— 117 cm宽 —

※○中的数字为缝份。除此以外的缝份均为1 cm。※▨表示背面需要粘贴黏合衬。
※ ∧∧ 表示此处需要处理布边。※数字从左边开始与尺码表顺序相同。
※ ▦ 表示各种尺码所用布料的数量请参照尺码表。

准备 需要在牵狗绳穿孔用布的背面粘贴黏合衬，需要处理布边（请参考裁剪图）。

缝制方法和顺序

颈围
23.9/26.8/30.8/33.8/39/43/
28/31/34/36.8/
40.7/43.6/51.5/56.5

胸围
32/37/43/48/53/
38/43/47/52/
58/63/
77/85

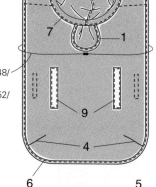

衣长
23/25/27/29/32/34/
31/34/36/38/
39/43/
60/62

※XXS~TXL码的缝1行，SM~RL码的缝2行。

1. 制作遮盖牵狗绳穿孔的装饰盖和腰带

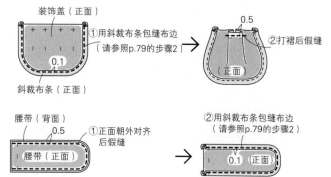

装饰盖（正面）
①用斜裁布条包缝布边（请参照p.79的步骤2）
斜裁布条（正面）
0.1
0.5
②打褶后假缝
（正面）

腰带（背面）
0.5
①正面朝外对齐后假缝
②用斜裁布条包缝布边（请参照p.79的步骤2）
腰带（正面）
0.1 正面

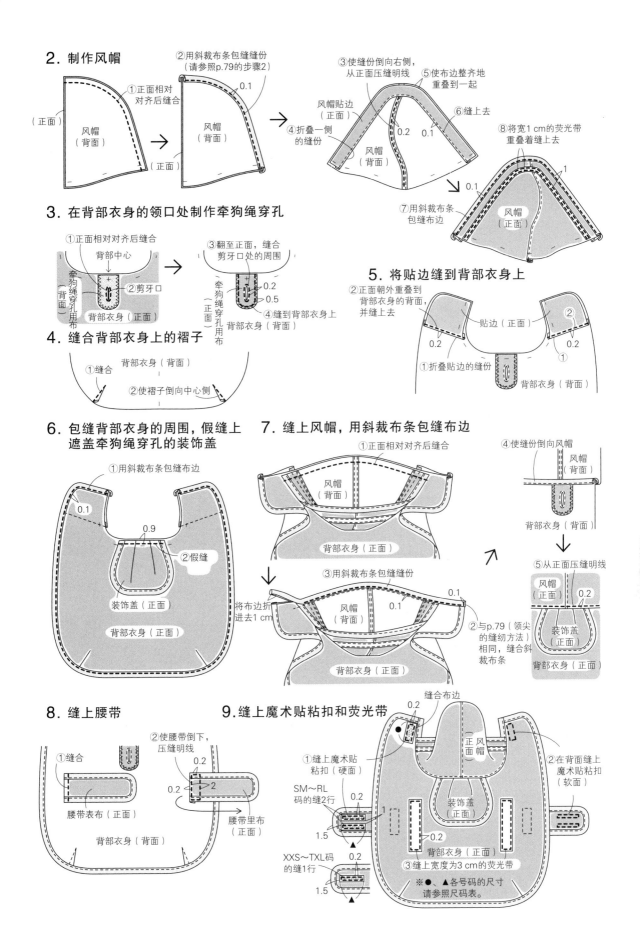

2. 制作风帽

①正面相对对齐后缝合

②用斜裁布条包缝缝份（请参照p.79的步骤2）

0.1

风帽（背面）

（正面）

风帽（背面）

（正面）

③使缝份倒向右侧，从正面压缝明线

⑤使布边整齐地重叠到一起

风帽贴边（正面）

④折叠一侧的缝份

⑥缝上去

0.2　0.1

风帽（背面）

⑧将宽1cm的荧光带重叠着缝上去

1

0.1

⑦用斜裁布条包缝布边

风帽（正面）

3. 在背部衣身的领口处制作牵狗绳穿孔

①正面相对对齐后缝合

背部中心

牵狗绳穿孔用布（背面）

②剪牙口

背部衣身（正面）

③翻至正面，缝合剪牙口处的周围

0.2
0.5

牵狗绳穿孔用布（正面）

④缝到背部衣身上

背部衣身（背面）

4. 缝合背部衣身上的褶子

①缝合

背部衣身（背面）

②使褶子倒向中心侧

5. 将贴边缝到背部衣身上

②正面朝外重叠到背部衣身的背面，并缝上去

贴边（正面）

0.2

0.2

①折叠贴边的缝份

背部衣身（背面）

6. 包缝背部衣身的周围，假缝上遮盖牵狗绳穿孔的装饰盖

①用斜裁布条包缝布边

0.1

0.9

②假缝

装饰盖（正面）

背部衣身（正面）

7. 缝上风帽，用斜裁布条包缝布边

①正面相对对齐后缝合

风帽（背面）

背部衣身（正面）

③用斜裁布条包缝缝份

风帽（背面）

0.1

背部衣身（正面）

④使缝份倒向风帽

风帽（背面）

背部衣身（背面）

⑤从正面压缝明线

风帽（正面）

0.2

装饰盖（正面）

背部衣身（正面）

②与p.79（领尖的缝纫方法）相同，缝合斜裁布条

8. 缝上腰带

①缝合

腰带表布（正面）

背部衣身（背面）

②使腰带倒下，压缝明线

0.2

0.2　2

腰带里布（正面）

9. 缝上魔术贴粘扣和荧光带

缝合布边

0.2

正面风帽

①缝上魔术贴粘扣（硬面）

②在背面缝上魔术贴粘扣（软面）

装饰盖（正面）

SM~RL码的缝2行

0.2

1

1.5

背部衣身（正面）

0.2

XXS~TXL码的缝1行

0.2

1.5

③缝上宽度为3cm的荧光带

※●、▲各号码的尺寸请参照尺码表。

R 棉坎肩

彩图 p.29

与实物等大的纸样　第1面〈R〉-1腹部衣身、2背部衣身

材 料

・雪花图案绗缝夹心针织布料(黄色)115 cm 宽
・100/2 绒棉布(蓝宝石色)109 cm 宽
・夹心黏合衬 125 cm 宽

尺 码

单位：cm

	XXS~M	L/XL	TS~TXL	SM/SL	RM/RL
雪花图案绗缝夹心针织布料(115 cm宽)	40	45	50	55	130
100/2绒棉布(109 cm宽)	80	90	90	115	130
夹心黏合衬(125 cm宽)	80	90	90	115	130

裁剪图

雪花图案绗缝夹心针织布料(黄色)

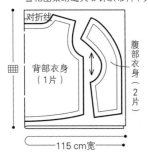

对折线

背部衣身(1片)

腹部衣身(2片)

115 cm宽

100/2 绒棉布(蓝宝石色)

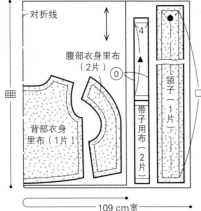

对折线

腹部衣身里布(2片)

背部衣身里布(1片)

带子用布(2片)

领子(1片)

109 cm宽

▲ = 21/23/23/23/
25/25/
23/23/25/25/
25/25/
25/25

● = 3/4/4/4/
4/4/
4/4/4/4/
5/5/
6/6

□ = 55.8/61/68/73.2/
78/83.1/
69.1/73.4/77.8/82.1/
99.6/106.3/
118.5/125

※○中的数字为缝份。除此以外的
缝份均为1 cm。

※⬚表示背面需要假缝夹心黏合衬。

※数字从左边开始与尺码表顺序相同。

※⊞表示各种尺码所用布料的数量
请参照尺码表。

准备

先将夹心黏合衬粘到粗裁
布料上之后，再按照纸样裁
下来。

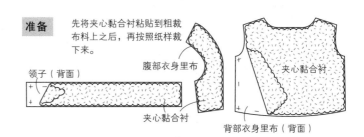

腹部衣身里布

夹心黏合衬

领子(背面)

夹心黏合衬

背部衣身里布(背面)

缝制方法和顺序

颈围
13.6/15/18.2/19.7/
21.7/23.1/
16.7/18.3/19.8/21.4/
30.3/31.7/
33/34.7

衣长
20.5/23/25/27/
30/32/
30/32/34/36/
37/41/
51/55

1

5 4

2

3 2

胸围
34/40/46/51/
57/62/
41/46/50/55/
65/70/
90/98

1. 缝合肩部

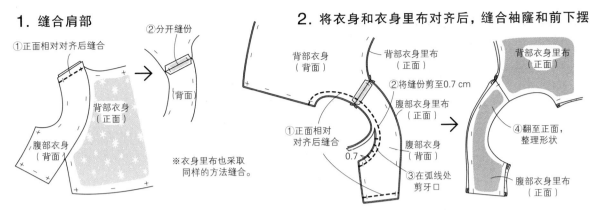

①正面相对对齐后缝合

②分开缝份

背面

背面

背部衣身
（正面）

腹部衣身
（背面）

※衣身里布也采取
同样的方法缝合。

2. 将衣身和衣身里布对齐后，缝合袖窿和前下摆

背部衣身
（背面）

背部衣身里布
（正面）

②将缝份剪至0.7 cm

腹部衣身里布
（正面）

①正面相对
对齐后缝合

0.7

腹部衣身
（背面）

③在弧线处
剪牙口

背部衣身里布
（正面）

④翻至正面，
整理形状

腹部衣身里布
（正面）

3. 用背部衣身和背部衣身里布夹住腹部衣身，从侧缝处开始缝合下摆

背部衣身里布
（正面）

背部衣身
（背面）

腹部衣身
（正面）

※另一侧也采取
同样的方法缝合。

①将腹部衣身和背部衣身的侧缝对齐后，
只假缝固定背部衣身的里布

②翻至背面，正面相对对齐后，
缝合背部衣身的侧缝

只将开始缝合
处的缝份分开

腹部衣身
（正面）

背部衣身
（背面）

③从侧缝处开始
缝合下摆

背部衣身里布
（正面）

④翻至正面，整理形状

0.5

⑤假缝固定领口

背部衣身里布
（正面）

腹部衣身
（正面）

4. 制作带子，假缝固定

①将三个边分别折叠1 cm

带子（正面）

1

1

对折线（正面）

0.2

②折一折后压缝明线

※制作2个。

③假缝到腹部衣身上

带子
（正面）

对折线

0.9

背部衣身里布
（正面）

腹部衣身里布

5. 缝上领子

领子（背面）

①折叠一侧的缝份

②折叠成一半的宽
度，并折出折痕

③将领子重叠到衣身里布侧后缝合

领子（背面）

背部衣身里布
（正面）

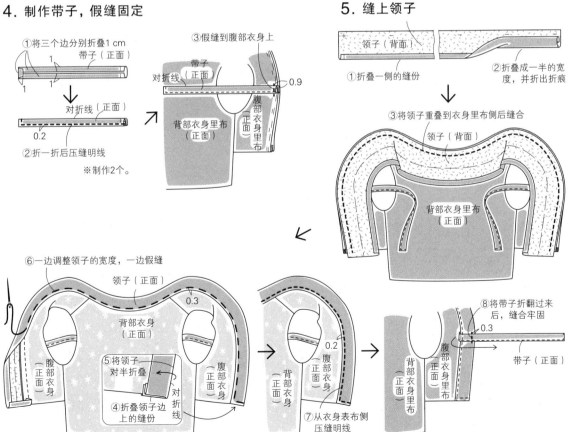

⑥一边调整领子的宽度，一边假缝

领子（正面）

0.3

背部衣身
（正面）

腹部
（正面）

⑤将领子
对半折叠

④折叠领子边
上的缝份

对折线

腹部
（正面）

0.2

腹部衣身
（正面）

背部衣身
（正面）

⑦从衣身表布侧
压缝明线

⑧将带子折翻过来
后，缝合牢固

0.3

背部衣身
（正面）

腹部衣身里布

带子（正面）

U 蝴蝶结装饰领、
V 荷叶边装饰领

与实物等大的纸样 第2面〈U〉-1领座、2领子表布、3领子里布、4蝴蝶结
第2面〈V〉-1领座、2领子表布、3领子里布

彩图 p.32

材料

〈U〉蝴蝶结装饰领
- 宽幅彩色平纹面料(米白色)110 cm宽
- 圆点平纹布料(藏青色)110 cm宽
- 黏合衬
- 宽2.5 cm的魔术贴粘扣(白色)

〈V〉荷叶边装饰领
- 平纹条形花纹布料(粉红色)110 cm宽
- 黏合衬
- 宽2.5 cm的魔术贴粘扣(白色)

尺码

单位：cm

〈U〉	XXS	XS	S	M	L
宽幅彩色平纹面料(110 cm宽)	30	35	40	40	50
圆点平纹布料(110 cm宽)	30	30	35	35	45
黏合衬	40×20	40×25	40×30	40×35	40×40
魔术贴粘扣	1.5×8	2×9	2×10	2.5×11	2.5×13

单位：cm

〈V〉	XXS	XS	S	M	L
平纹条形花纹布料(110 cm宽)	30	35	40	40	50
黏合衬	45×20	50×25	55×30	70×35	80×40
魔术贴粘扣	1.5×8	2×9	2×10	2.5×11	2.5×13

裁剪图

〈U〉
宽幅彩色平纹面料(米白色)

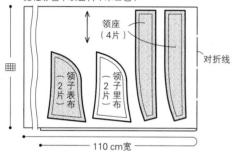

领座(4片)
对折线
领子表布(2片)
领子里布(2片)
110 cm宽

圆点平纹布料(藏青色)

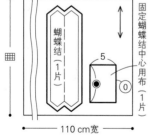

蝴蝶结(1片)
固定蝴蝶结中心用布(1片)
5
0
110 cm宽

准备 需要在领子表布、领座的背面粘贴黏合衬(请参考裁剪图)。

缝制方法和顺序

〈U〉

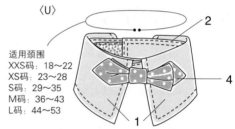

适用颈围
XXS码：18～22
XS码：23～28
S码：29～35
M码：36～43
L码：44～53

2
4
1

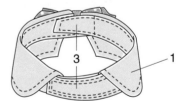

3
1

※〇中的数字为缝份。除此以外的缝份均为0.5 cm。
※ ▨ 表示背面需要粘贴黏合衬。
※数字从左边开始与尺码表顺序相同。
※▦ 表示各种尺码所用布料的数量请参照尺码表。

● = 6.6/7/7/7.2/7.8
◆ = 2/2.4/2.4/3/3
▽ = 15/20/24.5/30/35.5

〈V〉
平纹条形花纹布料(粉红色)

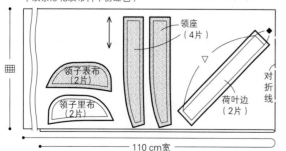

领座(4片)
领子表布(2片)
领子里布(2片)
荷叶边(2片)
对折线
▽
◆
110 cm宽

〈V〉

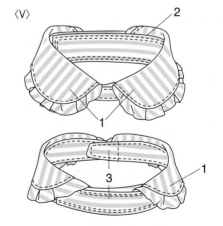

2
1
3
1

1. 制作领子

〈U〉

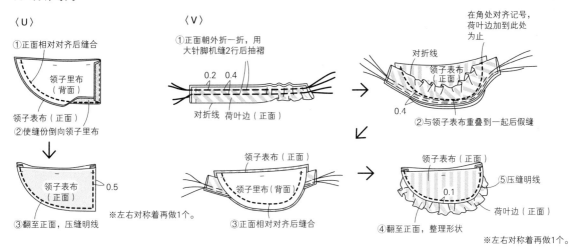

①正面相对对齐后缝合

领子里布（背面）

领子表布（正面）

②使缝份倒向领子里布

0.5

领子表布（正面）

③翻至正面，压缝明线

※左右对称着再做1个。

〈V〉

①正面朝外折一折，用大针脚机缝2行后抽褶

0.2 0.4

对折线 荷叶边（正面）

领子表布（正面）

领子里布（背面）

③正面相对对齐后缝合

在角处对齐记号，荷叶边加到此处为止

对折线

领子表布（正面）

0.4

②与领子表布重叠到一起后假缝

领子表布（正面）

⑤压缝明线

0.1

荷叶边（正面）

④翻至正面，整理形状

※左右对称着再做1个。

2. 夹住领子缝制领座

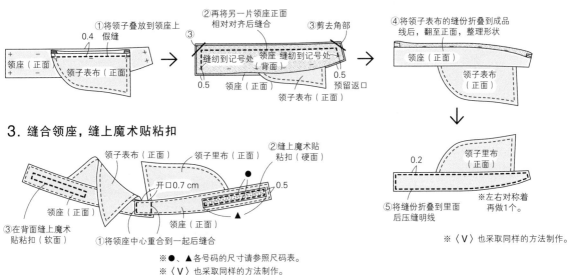

①将领子叠放到领座上假缝

0.4

领座（正面） 领子表布（正面）

②再将另一片领座正面相对对齐后缝合

③剪去角部

③

缝纫到记号处 领座（背面） 领座 缝纫到记号处

0.5 领座（正面） 领子表布（正面）

0.5 预留返口

④将领子表布的缝份折叠到成品线后，翻至正面，整理形状

领座（正面） 领子表布（正面）

0.2 领子里布（正面）

⑤将缝份折叠到里面后压缝明线

※左右对称着再做1个。

※〈V〉也采取同样的方法制作。

3. 缝合领座，缝上魔术贴粘扣

领子表布（正面） 领子里布（正面）

②缝上魔术贴粘扣（硬面）

开口0.7 cm

0.5

领座（正面） 领座（正面）

③在背面缝上魔术贴粘扣（软面）

①将领座中心重合到一起后缝合

※●、▲各号码的尺寸请参照尺码表。

※〈V〉也采取同样的方法制作。

只有〈U〉有这一步
4. 制作并缝上蝴蝶结

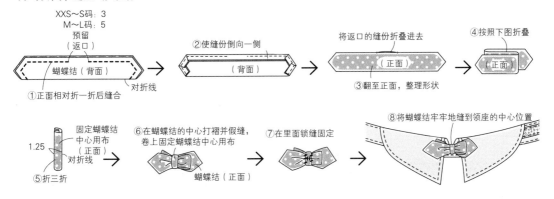

XXS～S码：3
M～L码：5
预留（返口）

蝴蝶结（背面） 对折线

①正面相对折一折后缝合

②使缝份倒向一侧

（背面）

将返口的缝份折叠进去

（正面）

③翻至正面，整理形状

④按照下图折叠

（正面）

1.25

固定蝴蝶结中心用布（正面）

对折线

⑤折三折

⑥在蝴蝶结的中心打褶并假缝，卷上固定蝴蝶结中心用布

蝴蝶结（正面）

⑦在里面锁缝固定

⑧将蝴蝶结牢牢地缝到领座的中心位置

W 三角形 印花小丝巾

彩图 p.33

与实物等大的纸样　第4面〈W〉-1主体

材料

〈花纹〉
- 彩色印花 太空细棉布Eloise（埃洛伊兹）110 cm宽

〈圆点〉
- 细平纹布（圆点花纹）110 cm宽

〈条纹+粗斜纹布〉
- 细平纹布（条纹）110 cm宽
- 粗斜纹布110 cm宽

尺码

单位：cm

〈花纹〉〈圆点〉	S	M	L
表布（110 cm宽）	25	45	60

单位：cm

〈条纹+粗斜纹布〉	S	M	L
细平纹布（110 cm宽）	45×45	55×55	65×65
粗斜纹布（110 cm宽）	25	30	35

裁剪图

〈花纹〉〈圆点〉
彩色印花　太空细棉布Eloise（埃洛伊兹）
细平纹布（圆点花纹）

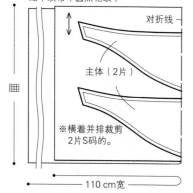

※横着并排裁剪
2片S码的。

110 cm宽

〈条纹+粗斜纹布〉
粗斜纹布

对折线

主体（1片）

110 cm宽

细平纹布（条纹）

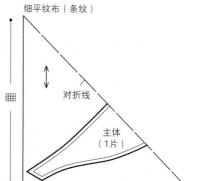

对折线

主体（1片）

※缝份均为1 cm。
※ ⊞ 表示各种尺码所用布料的数量请参照尺码表。

缝制方法和顺序

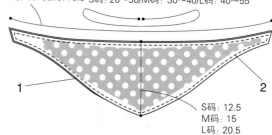

适用颈围
S码：20～30/M码：30～40/L码：40～55

S码：46/M码：60.4/L码：79.3

S码：12.5
M码：15
L码：20.5

1

2

1. 正面相对对齐后缝合

①正面相对对齐后缝合

S码：3～4
M/L码：6～7
预留
（返口）

主体（正面）

②剪去角部的缝份

主体（背面）

②

③使缝份倒向一侧

2. 翻至正面，压缝明线

①翻至正面，调整形状

将返口的缝份折入内侧

0.1

②压缝明线

主体（正面）

Y 垂耳帽

与实物等大的纸样　第4面〈Y〉-1风帽、2帽顶用布、3耳朵

彩图 p.35

材料

- 炫目双面织起绒面料（树莓色）155 cm宽
- 双面织面料（藏青色）150 cm宽
- 魔术贴粘扣（粉红色）
- 毛线（蓝宝石色）…适量

尺码

	XXS	XS	S	M	L
炫目双面织起绒面料（155 cm宽）	25	30	35	35	45
双面织面料（150 cm宽）	25	30	35	35	45
魔术贴粘扣	1.5×3	1.5×3.5	2.5×4.5	2.5×6	2.5×6

裁剪图

表布　炫目双面织起绒面料（树莓色）／里布　双面织面料（藏青色）

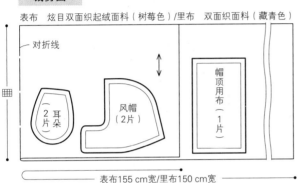

表布155 cm宽／里布150 cm宽

※缝份均为1 cm。　※数字从左边开始与尺码表顺序相同。
※ ▦ 表示各种尺码所用布料的数量请参照尺码表。

缝制方法和顺序

适用颈围
XXS码：18～22
XS码：23～28
S码：29～35
M码：36～43
L码：44～53

高度
9/10/
13.7/
16.7/
21.7

1. 缝制耳朵

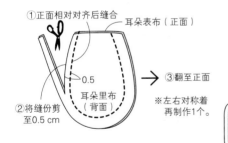

①正面相对对齐后缝合
耳朵表布（正面）
0.5
②将缝份剪至0.5 cm
耳朵里布（背面）
③翻至正面
※左右对称着再制作1个。

2. 缝合风帽和帽顶用布

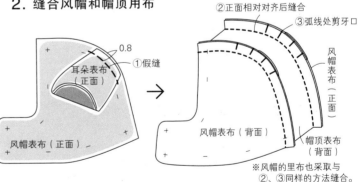

②正面相对对齐后缝合
③弧线处剪牙口
0.8
①假缝
耳朵表布（正面）
风帽表布（正面）
风帽表布（正面）
帽顶表布（背面）
※风帽的里布也采取与②、③同样的方法缝合。

3. 缝合风帽的表布和里布

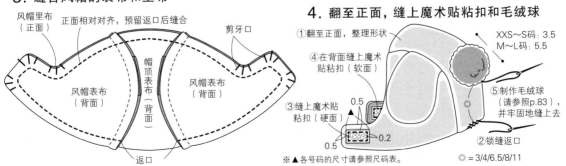

风帽里布（正面）
正面相对对齐，预留返口后缝合
剪牙口
帽顶表布（背面）
风帽表布（背面）
风帽表布（背面）
返口

4. 翻至正面，缝上魔术贴粘扣和毛绒球

①翻至正面，整理形状
④在背面缝上魔术贴粘扣（软面）
③缝上魔术贴粘扣（硬面）
0.5　0.5　0.2
XXS～S码：3.5
M～L码：5.5
⑤制作毛绒球（请参照p.83），并牢固地缝上去
②锁缝返口
◎ = 3/4/6.5/8/11
※▲各号码的尺寸请参照尺码表。

X 地垫

彩图 p.34

材料

- 纯棉印花布14种…各20 cm×20 cm
- 纯棉布料…70 cm×55 cm
- 夹心黏合衬…70 cm×55cm
- 1.5 cm宽的灯芯绒斜裁布条(藏青色)…220 cm

搭配图

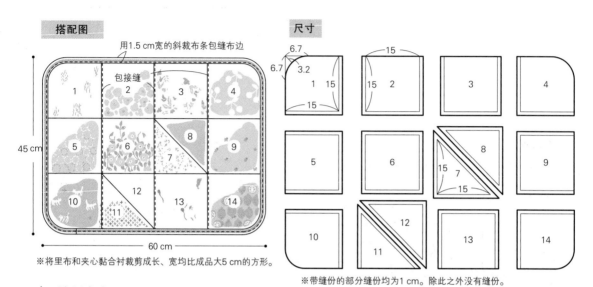

用1.5 cm宽的斜裁布条包缝布边

包接缝

45 cm

60 cm

※将里布和夹心黏合衬裁剪成长、宽均比成品大5 cm的方形。

尺寸

※带缝份的部分缝份均为1 cm。除此之外没有缝份。

1. 缝制表布

①请参考尺寸图制作纸样，裁剪您喜欢的面料

②将三角形拼接到一起

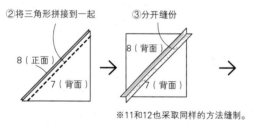

8(正面)

7(背面)

③分开缝份

8(背面)

7(背面)

※11和12也采取同样的方法缝制。

④纵向拼接，分开缝份

⑤横向拼接，分开缝份

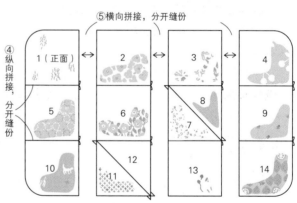

2. 将夹心黏合衬和里布粘贴到表布的背面

②将里布叠放上去，从正面在接缝边上压缝明线(包接缝)

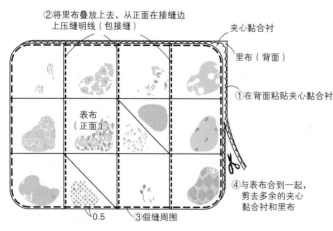

夹心黏合衬

里布(背面)

①在背面粘贴夹心黏合衬

表布(正面)

0.5

③假缝周围

④与表布合到一起，剪去多余的夹心黏合衬和里布

3. 用斜裁布条包缝周围

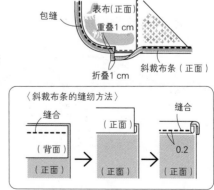

包缝

表布(正面)

重叠1 cm

折叠1 cm

斜裁布条(正面)

〈斜裁布条的缝纫方法〉

缝合

(背面)

(正面)

(正面)

缝合

(正面)

0.2

(正面)

Z 遛狗包

彩图 p.35

材料

- 彩色印花 磨砂层压复合面料（Farmyard Tails）…105 cm × 40 cm
- 除臭无纺布…105 cm × 20 cm
- 金属弹簧卡口（15 cm × 1.5 cm）…1 个
- 内径 1.5 cm 的茄形扣环…2 个

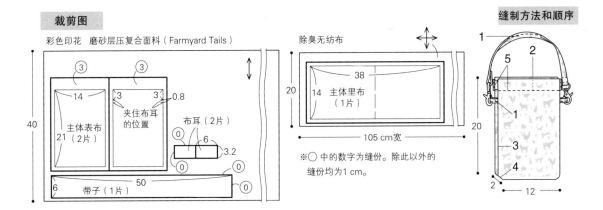

裁剪图

彩色印花 磨砂层压复合面料（Farmyard Tails）

③ ③

14 主体表布 21（2片） 3 3 0.8 夹住布耳的位置

布耳（2片） 0 6 3.2 0

40

6 带子（1片） 50 0 0

105 cm宽

除臭无纺布

38 主体里布（1片） 20 14

105 cm宽

20

※○中的数字为缝份。除此以外的缝份均为1 cm。

缝制方法和顺序

1 2 5 5 1 3 4 2 12

1. 缝制带子和布耳

〈带子〉

①折三折后压缝明线
0.1
1.5
带子（正面）
3

②两端穿上茄形扣环后缝合
0.2
1.5 0.5

〈布耳〉
①折叠
布耳（正面）

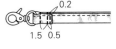

布耳（正面）对折线
0.8
0.1
②折三折后压缝明线

布耳（正面）对折线
④假缝
③折叠 0.5
※缝制2个。

2. 缝合主体表布和主体里布

袋口侧
主体里布（背面）
②正面相对对齐后缝合，使缝份倒向里布
①将主体表布的底部正面相对对齐后缝合，分开缝份
主体表布（正面）
袋口侧

3. 缝合侧缝

对折线（包底）
主体里布（背面）
耳折缝合，侧缝 按照此图重新夹住布耳
11 cm（返口）
袋口侧
5 4 2 2 4 5
预留穿金属弹簧卡口的部分
夹住布耳
主体表布（背面）
（包底）

4. 缝合底角

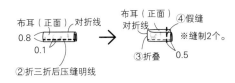

缝合
2
里布（背面）侧缝

表布也采取同样的方法缝合，从返口至正面后，锁缝返口。

5. 缝纫袋口，安上金属弹簧卡口

①将内袋装到里面
②在包口压缝明线
遛狗包表布（正面）

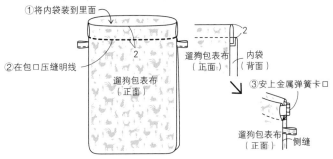

2 内袋（背面）
遛狗包表布（正面）
③安上金属弹簧卡口
遛狗包表布（正面）侧缝

UCHI NO KO NO FUKU+KOMONO（NV70519）

Copyright © Toshio Kaneko/NIHON VOGUE-SHA 2018 All rights reserved.

Photographers: YUKARI SHIRAI

Original Japanese edition published in Japan by NIHON VOGUE Corp.

Simplified Chinese translation rights arranged with BEIJING BAOKU INTERNATIONAL CULTURAL DEVELOPMENT Co., Ltd.

备案号：豫著许可备字-2019-A-0124

金子俊雄

出生于日本千叶县。日本洋服专门学校裁剪专业毕业后，在松屋银座的"注文绅士服"工作室学习缝制技术。曾就职于ハーバード（哈佛）公司，之后在WORLD Co.，Ltd.（世界）公司负责竹蜻蜓牌等样衣的制作和技术研发。2001年成立了Serio Co.，Ltd.（塞里奥）公司，经营面向服装企业的样衣业务和销售纸样的"布纹店芙蓉"商店。著作有《四季男装》《正式男装》，均由日本宝库社出版。

Serio（塞里奥）公司
http://seriopattern.web.fc2.com/

"布纹店芙蓉"商店
https://www.katagami-fleur.com/

图书在版编目（CIP）数据

宠物狗服装和小饰品 /（日）金子俊雄著；边冬梅译. —郑州：河南科学技术出版社，2023.2
ISBN 978-7-5725-1042-7

Ⅰ.①宠… Ⅱ.①金…②边… Ⅲ.①犬–服装量裁 Ⅳ.①TS941.631

中国版本图书馆CIP数据核字（2022）第251284号

出版发行：河南科学技术出版社
　　　　　地址：郑州市郑东新区祥盛街27号　　邮编：450016
　　　　　电话：（0371）65737028　　65788613
　　　　　网址：www.hnstp.cn
责任编辑：刘　欣　葛鹏程
责任校对：马晓灿
封面设计：张　伟
责任印制：张艳芳
印　　刷：北京盛通印刷股份有限公司
经　　销：全国新华书店
开　　本：787 mm×1 092 mm　1/16　印张：6　字数：200千字
版　　次：2023年2月第1版　2023年2月第1次印刷
定　　价：49.00元